JN126876

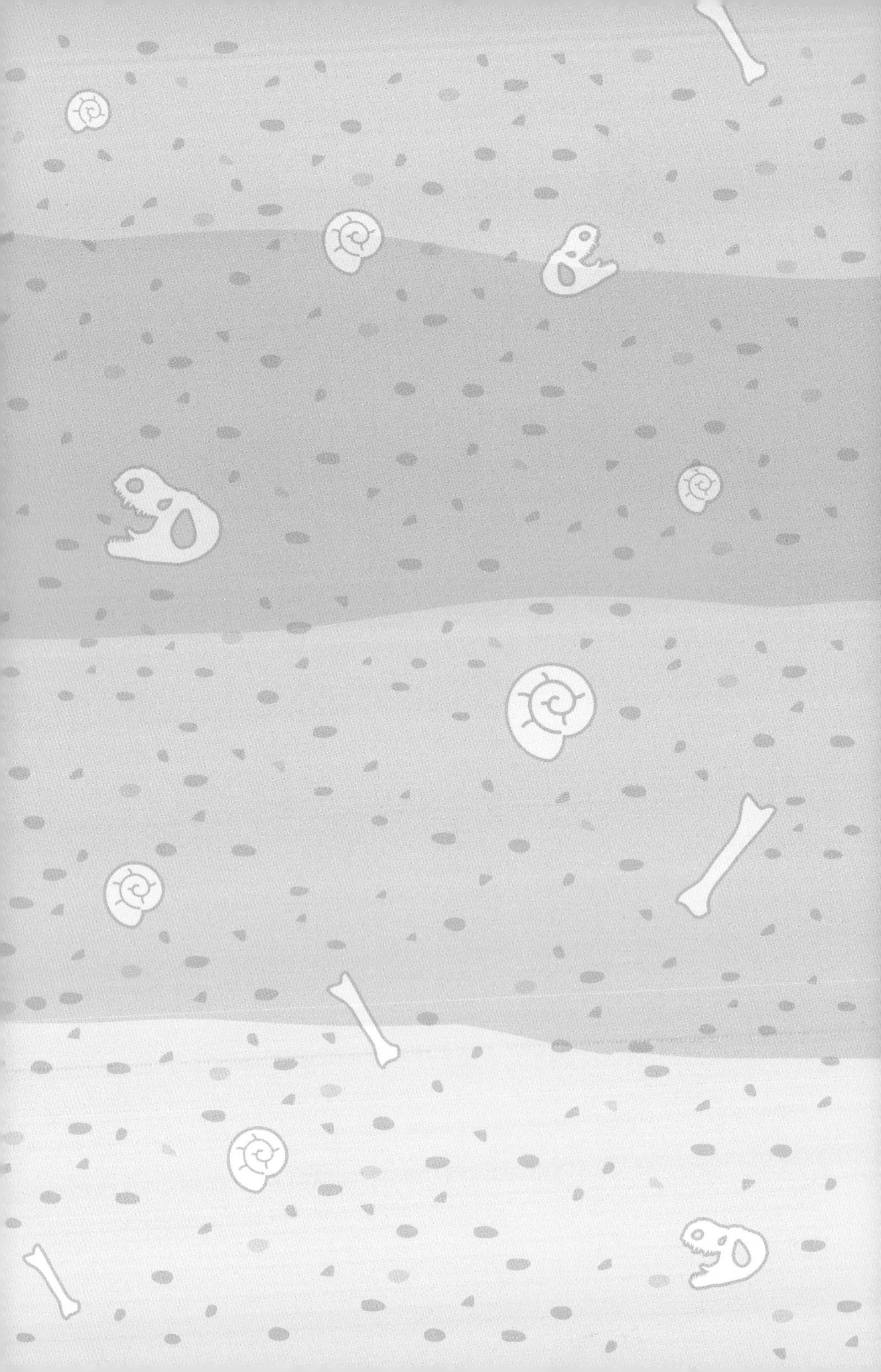

Timetrip To Dinosaur Age

全国

恐竜めぐり

DINOSAUR TOUR OF JAPAN

GB

博物館だけじゃない。日本全国の「恐竜」に出合える本。

恐竜を見に行くとしたら、まず思い浮かべるのは「博物館」ではないでしょうか。博物館には、本物の恐竜の化石やリアルな骨格標本が展示され、その迫力や生命の神秘さに胸を躍らせたことがある人はきっと多いはず。

また、恐竜や古生物の化石を自分で見つけることができる発掘場も、子どもも大人も夢中になって楽しめる恐竜スポットです。
こうした恐竜を学んだり、探したりするほかにも、日本にはまだまだ恐竜を楽しめるスポットがあることを知っていますか?

たとえば、恐竜の世界にタイムスリップしたかのような感覚を楽しめるテーマパークや、恐竜のオブジェがたくさんある公園は、恐竜たちのリアルな姿を肌で感じ、まるで冒険しているような気分に。

ほかにも、恐竜をテーマにしたユニークでかわいい料理を食べたり、太古の時代を漂わせるホテルの特別ルームに泊まってみたり、自分だけのオリジナル恐竜アクセサリーをつくってみたり……。恐竜ならではの楽しみ方がたくさんあるのです。

本書は、恐竜を学んで、見つけて、遊んで、楽しむ、新しい「恐竜」のガイドブックです。子どもから大人まで、恐竜を愛するすべての人たちがワクワクできる、そんな一冊となれば幸いです。

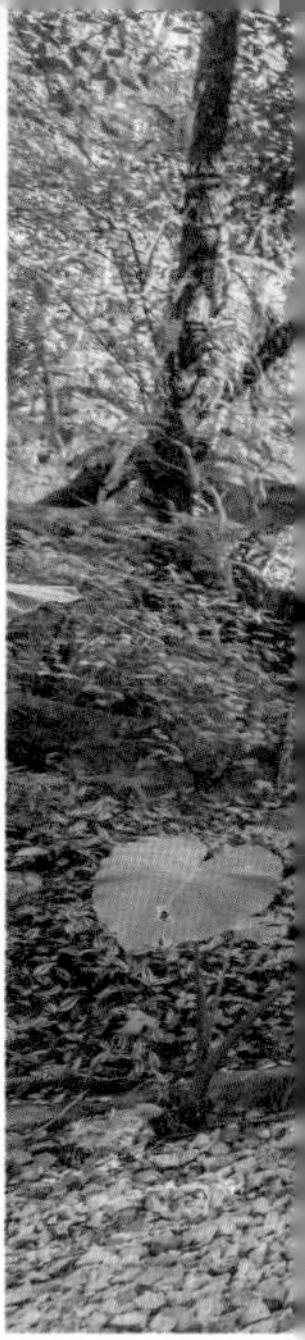

全国 恐竜めぐり Contents

chapter 01

恐竜を 学ぶ

特別企画 知るともっと楽しい! 恐竜の世界

chapter 02

恐竜を探す

chapter 03

恐竜と遊ぶ

テーマパーク

公園

Column 2

chapter 04

恐竜と楽しむ

食べる

本書の見方

DATAの見方

DATA

博物館名・施設名・店名	三笠市立博物館 みかさしりつはくぶつかん
所在地	北海道三笠市幾春別錦町1丁目212-1
電話番号	01267-6-7545
開館時間	9:00～17:00（入館は16:30まで）
休館日	月曜日（祝日の場合は翌日）、年末年始
入館料	一般（高校生以上）450円 小・中学生150円、小学生未満無料
交通アクセス（自動車の場合）	道央自動車道「三笠IC」から約20分
交通アクセス（電車・バスの場合）	JR北海道岩見沢駅から北海道中央バス三笠線「幾春別町行」終点下車、徒歩5分
公式ウェブサイト	https://www.city.mikasa.hokkaido.jp/museum/
QRコード	

1. 紹介する博物館・施設・お店の見どころを写真で紹介。景観や展示物など、ひと目でわかります。

2. 紹介する博物館や施設、公園や宿泊所、お店の見どころについて解説。展示物の紹介や、恐竜の楽しみ方など、ポイントを解説しています。

3. 行く前に知っておくともっと楽しめる情報を紹介。恐竜のオリジナルグッズやメニュー、周辺情報などをチェックしておきましょう。

※開館時間や休館日、入館料など異なる場合があります。お出かけになる前に、公式サイトをご確認ください。

※施設によっては、団体や学生割引など各種割引があります。詳細は公式サイトをご確認いただくか、各施設へお問い合わせください。

※本書では、恐竜のほかに古生物を中心に展示した博物館を紹介しています。

※本書の情報は2023年5月現在のものです。本書の発売後、予告なく変更される場合があります。ご利用の前に、各施設へ事前にご確認ください。

chapter

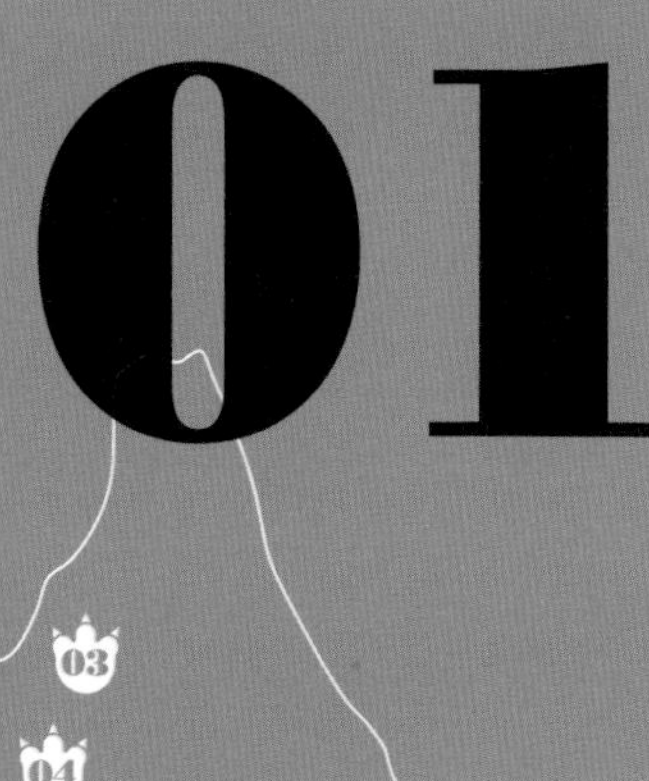

恐竜を学ぶ

01 むかわ町穂別博物館

02 三笠市立博物館

03 沼田町化石館

04 滝川市美術自然史館

05 北海道大学総合博物館

06 岩手県立博物館

07 南三陸ハマーレ歌津 かもめ館内

08 東北大学総合学術博物館
（理学部自然史標本館）

09 スリーエム仙台市科学館

10 いわき市石炭・化石館 ほるる
11 新潟県立自然科学館
12 埼玉県立自然の博物館
13 群馬県立自然史博物館
14 神流町恐竜センター
15 栃木県立博物館
16 ミュージアムパーク
茨城県自然博物館
17 国立科学博物館
18 神奈川県立生命の星・地球博物館
19 福井県立恐竜博物館
20 信州新町化石博物館
21 松本市四賀化石館
22 飯田市美術博物館

23 豊橋市自然史博物館
24 大阪市立自然史博物館
25 丹波竜化石工房　ちーたんの館
26 兵庫県立人と自然の博物館
27 笠岡市立カブトガニ博物館
28 愛媛県総合科学博物館
29 横倉山自然の森博物館
30 佐川町立佐川地質館
31 北九州市立いのちのたび博物館
32 長崎市恐竜博物館
33 御船町恐竜博物館
34 宮崎県総合博物館
35 鹿児島県立博物館

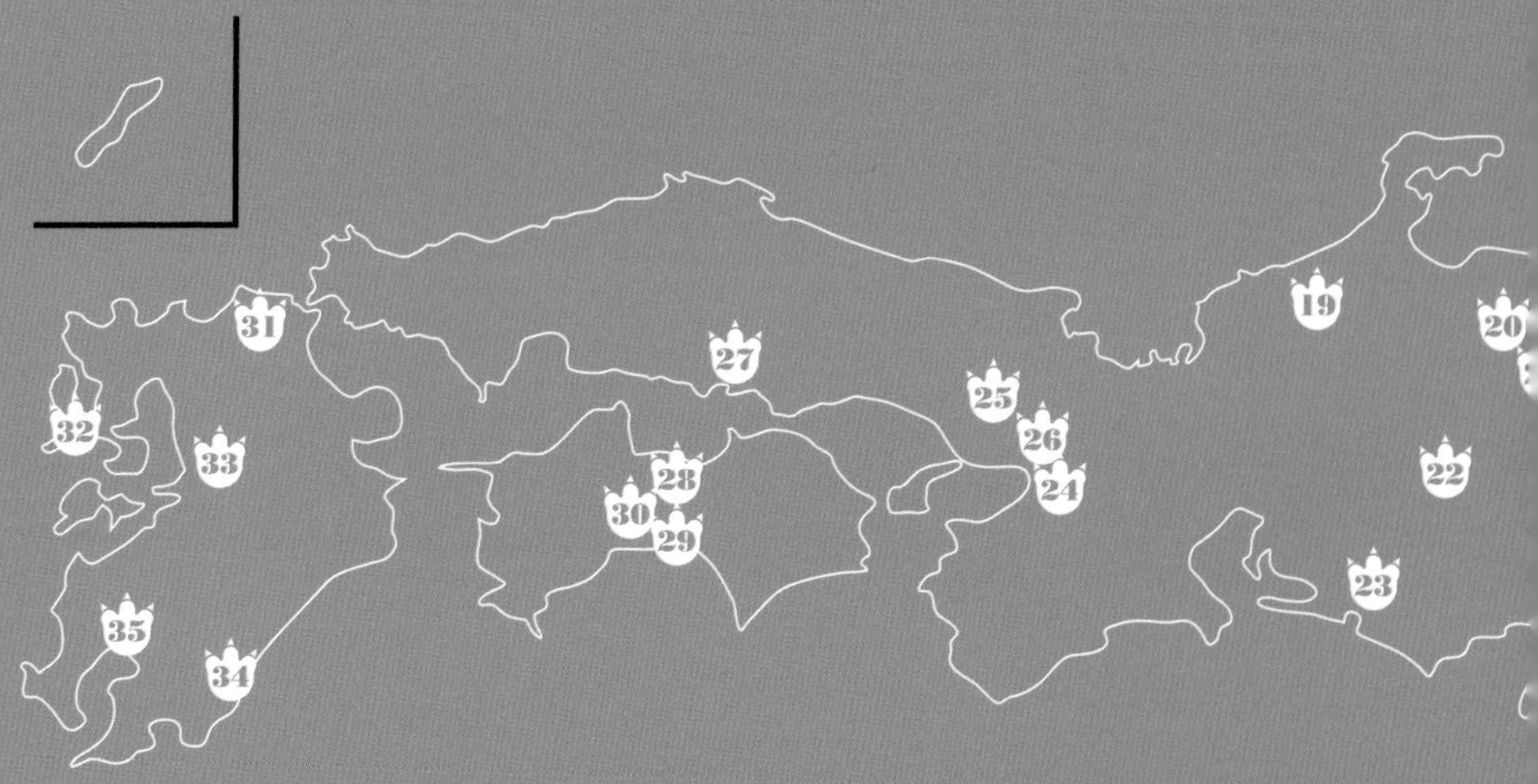

01

北海道

むかわ町穂別博物館

クビナガリュウの実物大の全身復元骨格。全長約8mもあり、天井まで届きそうな長い首は迫力満点だ。

カムイサウルスの全身復元骨格の迫力に触れる

1975年に発掘されたクビナガリュウ化石を保存、展示するために開館した「むかわ町穂別博物館」。約8000万年前に海を悠々と泳いでいたクビナガリュウの実物大の全身復元骨格が展示され、穂別で発見されたカムイサウルス・ジャポニクスの実物大全身復元骨格レプリカも大きな見どころだ。全長約8mあり、日本国内で最大の恐竜全身化石として知られる。実物の化石と合わせて見ることができるのは穂別博物館のみだ。

また、同じく穂別で発見されたモササウルス類「フォスフォロサウルス・ポンペテレガンス」の実物大全身復元骨格レプリカがあり、日本国内で発見されたモササウルス類で全身骨格が初めて復元された唯一の標本だ。このように穂別地域で発掘された数多くの化石を展示しており、この地にどのような生物がかつて生きていて、現在へとつながってきたのか、生命の歴史の営みを感じてみよう。

1 カムイサウルス・ジャポニクスの実物大全身復元骨格レプリカ。全長約8mで全身の約8割が保存されている日本屈指の恐竜化石。2 モササウルス・ホベツエンシスの実物大全身復元骨格レプリカ。3 アンモナイトなどむかわ町穂別で産出された化石を多く展示している。

DATA

むかわ町穂別博物館

むかわちょうほべつはくぶつかん

- 北海道勇払郡むかわ町穂別80番地6
- 0145-45-3141
- 9:30〜17:00（入館は16:30まで）
- 休 月曜（祝日の場合は翌日）、年末年始
- ¥ 大人300円、小学生〜高校生100円
- ・道東道「むかわ穂別IC」から約20分
  ・新千歳空港から約1時間30分
  ・札幌市より約2時間
- http://www.town.mukawa.lg.jp/1908.htm

02
北海道

三笠市立博物館

アンモナイト化石の展示数は国内最大。アンモナイトがズラリと並んだ景色は圧巻だ。

巨大アンモナイト化石が集結

日本一のアンモナイト博物館として有名な「三笠市立博物館」。たくさんのアンモナイトがズラリと並ぶ壮大な景観を見ることができる。大型のアンモナイト化石が多数展示されており、その中には直径約1・3mの「日本最大級のアンモナイト化石」も。また、国の天然記念物に指定されているエゾミカサリュウ（学名：タニファサウルス・ミカサエンシス）の化石も見逃せない展示物だ。エゾミカサリュウは、白亜紀の海の王者ともいわれるモササウルス類の一種で、この仲間としては北半球で唯一発見されている種類。三笠市立博物館には、学術的にもっとも正確な約120㎝の模型があり、鱗の形や尻尾の形状など、細部まで徹底的に作りこまれた模型をじっくりと観察することができる。ほかにも、アロサウルス全身骨格レプリカや夕張市産のヨロイ竜類・ノドサウルス類の頭骨化石、芦別市産ティラノサウルス類尾椎化石、エドモントニア頭骨レプリカなど、貴重な標本が多数展示されている。アンモナイトや恐竜への好奇心がますます高まる博物館だ。

エゾミカサリュウの模型

1 日本最大級のアンモナイトの化石。中生代に栄えたオウムガイの仲間の頭足類。北海道はアンモナイトの一大産地として世界的に有名だ。2 エゾミカサリュウの化石。歯もきれいな状態で保存されている。3 ジュラ紀最強の肉食恐竜として知られるアロサウルスの全身骨格(レプリカ)。4 エドモントニアの頭骨(レプリカ)。ノドサウルスの仲間で、肩から2本のとげが突き出ているのが特徴。

DATA

三笠市立博物館

みかさしりつはくぶつかん

- 北海道三笠市幾春別錦町1丁目212-1
- 01267-6-7545
- 9:00～17:00(入館は16:30まで)
- 休 月曜日(祝日の場合は翌日)、年末年始
- ¥ 一般(高校生以上)450円 小・中学生150円、小学生未満無料
- 道央自動車道「三笠IC」から約20分
- JR北海道岩見沢駅から北海道中央バス三笠線「幾春別町行」終点下車、徒歩5分
- https://www.city.mikasa.hokkaido.jp/museum/

＋αで楽しめる！

自然を満喫できる「野外博物館コース」

博物館の裏手にはサイクリングコースとして整備された「野外博物館コース」があり、幾春(いくしゅん)別川(べつがわ)沿いに広がる地層や炭鉱の跡などを見学することができる。天気がいい日は気持ちのいい散策をしてみるのはいかがだろうか。

03
北海道

沼田町化石館

新生代にいた沼田町の海洋生物

「沼田町化石館」は、沼田町の化石紹介を中心に、広く地元の自然について知ってもらえるよう設立された博物館だ。ヌマタカイギュウ、ヌマタナガスクジラ、ヌマタネズミイルカ、クビナガリュウ（タラソメドン）とモササウルス類（クリダステス）など、主に海の脊椎動物の骨格標本の展示が充実している。

町の中心を流れる幌新太刀別川（ほろにいたちべつがわ）は、白亜紀から第三紀鮮新世までの化石が採集できる場所として知られる。許可のない採集は禁じられているが、定期的に化石館で化石採集会を行っており、タカハシホタテや海生哺乳類などの化石を見つけることができる。気になる人は是非体験してみよう。

1 化石体験館の展示室の様子。手前から順にヌマタナガスクジラ、クビナガリュウ（タラソメドン）、ヌマタカイギュウの全身骨格標本。2 ヌマタネズミイルカの全身骨格標本。3 ヌマタネズミイルカの産状骨格。

DATA

沼田町化石館
ぬまたちょうかせきかん

- 北海道雨竜郡沼田町幌新381-1
- 0164-35-1029
- 4月29日～11月3日の9:30～16:00
- 休 月曜（祝日の場合は翌日）※連休は最後の祝日の翌日
- ¥ 一般500円、高校・中学・小学300円
- 深川留萌自動車道「沼田IC」より約12分
- JR留萌線「石狩沼田」より、沼田町営バス「幌新温泉」行き終点下車
- http://numata-kaseki.sakura.ne.jp

04
北海道

滝川市美術自然史館

海に生きた哺乳類・カイギュウを知る

約500万年前、北海道の滝川がまだ海だった頃に生息していた海生哺乳類「タキカワカイギュウ」。この化石が、1980年に市内を流れる空知川の河床から発見されたのを機に、カイギュウの本格的な研究を行っており、タキカワカイギュウの全身骨格標本や復元模型などが展示されている。ほかにも、その祖先であるヨルダニカイギュウや、乱獲で絶滅したステラーカイギュウなどの骨格標本も見どころだ。博物館には美術部門もあり、地元ゆかりの日本画家・岩橋英遠の作品も鑑賞できる。毎年5月から6月にかけ、滝川市で栽培されている菜の花の開花に合わせて、観光で訪れても楽しめる自然館だ。

1 1階自然史エリア。2 タキカワカイギュウの全身骨格標本。新生代鮮新世にいたジュゴンの仲間で、体長約8m。3 ショップで購入できるタキカワカイギュウのペーパークラフトがあしらわれた絵葉書。

DATA

滝川市美術自然史館
たきかわしびじゅつしぜんしかん

- 北海道滝川市新町2丁目5番30号
- 0125-23-0502
- 10:00～17:00（入館は16:30まで）
- 月曜（祝日の場合は翌日）、祝日の翌日、冬期休館（12月1日～2月末日）
- 一般630円、高校生380円、中学生250円、小学生120円
- JR滝川駅から徒歩20分、中央バス開発局前から徒歩5分
- https://www.city.takikawa.hokkaido.jp/260kyouiku/05bijyutsu/b-museum.html

1 化石標本がずらりと並ぶ「古生物標本の世界」。2 ニッポノサウルスの全身骨格標本。第3指の末節骨の化石も展示されている。3 デスモスチルスの化石骨格標本。大きくて特徴的な手足に目を惹かれる。

05 北海道

北海道大学総合博物館

日本人が初めて発掘した恐竜化石

北海道大学には約400万点の学術標本や資料を所蔵しており、札幌キャンパス内の「北海道大学総合博物館」は、このうちの約300万点の標本や資料を収集、保存、研究し、一部を公開している。

展示されている中で最も有名なのは、鳥脚類ハドロサウルス類ニッポノサウルス・サハリネンシスと、哺乳類のデスモスチルスの原標本だ。ニッポノサウルスは1934年に南樺太（当時は日本領）で発掘された、日本人が初めて発見した恐竜化石。デスモスチルスとともに、地鉱学科初代古生物学・層位学教授の長尾巧によって発掘されたもので、展示室には復元骨格が展示されている。

DATA

北海道大学総合博物館

ほっかいどうだいがくそうごうはくぶつかん

- 北海道札幌市北区北10条西8丁目
- 011-706-2658
- 10:00～17:00（入館は16:30まで）
- 休 月曜（祝日の場合は翌日）、年末年始、臨時休館あり
- ¥ 無料
- JR札幌駅から徒歩15分、地下鉄南北線北12条から徒歩8分
- https://www.museum.hokudai.ac.jp/

エントランスにあるマメンキサウルスの全身骨格。

06 岩手

岩手県立博物館

日本初の恐竜化石「モシリュウ」の化石を展示

岩手県の地質、考古、歴史、民俗、生物などの資料が展示されている「岩手県立博物館」。エントランスには、日本で最初に見つかった恐竜化石である「モシリュウの上腕骨」と、モシリュウに近い姿とされる全長22mのマメンキサウルスの全身骨格が並んで展示されている。長い首と大きな骨格は大迫力だ。

このほか、ディノニクスの全身骨格標本や始祖鳥の標本などが常設展示され、進化の過程を俯瞰することができる。こうした恐竜の展示物のほか、グランドホールからは雄大な岩手山を展望することができ、四季折々の姿も楽しむことができる長閑な博物館だ。

DATA

岩手県立博物館
いわてけんりつはくぶつかん

- 岩手県盛岡市上田字松屋敷34番地
- 019-661-2831
- 9:30～16:30（入館は16:00まで）
- 休 月曜（祝日の場合は翌日）、年末年始、臨時休館あり
- ¥ 一般330円、学生150円、高校生以下の場合は無料
- 「松園バスターミナル」から松園支線バスで「県立博物館前」バス停下車、徒歩約3分
- https://www2.pref.iwate.jp/~hp0910/index.html

岩手県奥州市で産出した大昔のクジラの化石（マエサワクジラ）をモチーフにしたエコバッグやクリアファイルなどがある。

07
宮城

南三陸ハマーレ歌津 かもめ館内

歌津で発掘された「ウタツ魚竜」化石。頭や肋骨などが鮮明に残る。

「ウタツ魚竜」化石発見の地で発掘も

地域の野菜や海産物を使った食事を提供し、地元産直品も販売している「ハマーレ歌津商店街」にある交流施設「かもめ館」内に化石展示コーナーがあり、東日本大震災後、新たに東北大学監修のもとオープンされた。ここでの見どころは、日本で初めて発掘された魚竜「ウタツ魚竜」の化石だ。世界最古級の魚竜類といわれ、大変貴重な展示だ。南三陸から発掘された嚢頭類・ティラコや、二枚貝の化石、アンモナイトなども展示。南三陸ならではの化石を見ることができる。

また、GW頃から11月上旬まで、年に数回の化石発掘体験を実施。講師の指導のもと、化石の採集ができる。

DATA

南三陸ハマーレ歌津 かもめ館内
みなみさんりくはまーれうたつ　かもめかんない

- 宮城県本吉郡南三陸町歌津字伊里前100-4
- 0226-36-3117
- 9:00～16:00
- 休 不定休
- ¥ 無料
  ※期間限定の発掘体験：2300円
- 三陸自動車道「歌津IC」より3分
- https://hamare-utatsu.com/welcome/welcome.cgi

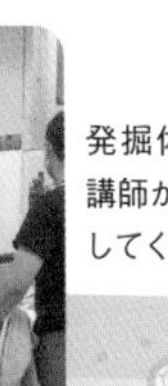

発掘体験の様子。講師が丁寧に指導してくれる。

東北大学総合学術博物館（理学部自然史標本館）

1 ステゴサウルスの全身骨格復元模型。2 日本で最初に発見された嚢頭類（ティラコケファラ）化石。3 博物館オリジナル缶バッジ。ステゴサウルスのイラストが描かれたものも。

研究用に集められた豊富なコレクション

東北大学キャンパス内にある「東北大学総合学術博物館」では、研究のため収集、保存してきた化石、岩石、鉱物などの貴重な学術資料標本が約1200点展示されている。なかでも日本で最初に発見された嚢頭類（のうとう）（ティラコケファラ）化石があり、これはシルル紀から白亜紀まで生息した節足動物で、体の殻の部分（甲皮）を見ることができる。また、「南三陸ハマーレ歌津 かもめ館内」でも展示されている世界最古級の魚竜、ウタツ魚竜化石の展示もあり、ここでも貴重な化石を見ることができる。比較的小さな博物館だが、学術的にじっくりと見て回りたい人におすすめな博物館だ。

DATA

東北大学総合学術博物館
（理学部自然史標本館）

とうほくだいがくそうごうがくじゅつはくぶつかん（りがくぶしぜんしひょうほんかん）

- 宮城県仙台市青葉区荒巻字青葉6-3
- 022-795-6767
- 10:00～16:00（入館は16:00まで）
- 休 月曜（祝日の場合は翌日）、年末年始、臨時休館あり
- ¥ 一般150円、小・中学生80円、幼児・乳児は無料
- 東北自動車道「仙台宮城IC」から約25分
- 仙台市地下鉄東西線青葉山駅より徒歩3分　ほか
- http://www.museum.tohoku.ac.jp/index.html

09
宮城

スリーエム仙台市科学館

現世のものから時代を追って、ズラリと並ぶ古象標本を一望できる。骨格標本のまわりを360度ぐるりと回って観察できるのが珍しい。

恐竜と科学を楽しめる体験学習型科学館

さまざまな科学や自然界のしくみを楽しく学ぶことができる「スリーエム仙台市科学館」。自然史系展示のフロアには、約500万年前に生息した古象「センダイゾウ」が展示され、ほかにも、マンモス、ナウマンゾウ、ミエゾウなどの6種の大きな古象標本を見ることができる。恐竜類としては、アロサウルスとトリケラトプスの骨格標本が展示され、目の前でじっくりと観察できるのが嬉しい。科学のフロアには体の五感で学習できる展示がたくさんあり、大人も子どもも一日中楽しむことができるサイエンススポットだ。

+αで楽しめる！

お土産に買いたい！オリジナルクッキー

お土産は3階エントランスホールの売店で買うことができる。当館限定のオリジナルクッキーのほか、恐竜グッズ、鉱物などを販売している。

DATA

スリーエム仙台市科学館

すりーえむせんだいしかがくかん

- 宮城県仙台市青葉区台原森林公園4番1号
- 022-276-2201
- 9:00～16:45（入館は16:00まで）
- 休 月曜、祝日の翌日、第4木曜、年末年始　ほか
- ¥ 一般550円、高校生320円、中学生・小学生210円
- 東北自動車道「仙台宮城IC」を降り，仙台北環状線経由約30分　ほか
- 仙台市地下鉄南北線旭ヶ丘駅から徒歩約5分
- http://www.kagakukan.sendai-c.ed.jp

※2023年10月よりリニューアル工事のため部分開館を予定しています。

1 新生代にいたセンダイゾウ。体長は約6mで、白く長い牙が上向きに反って伸びている。2 白亜紀の植物食恐竜・トリケラトプスとジュラ紀の肉食恐竜・アロサウルスの骨格標本。3 オガツギョリュウの化石。宮城県で発見された魚竜で、ほかにも数種類の魚竜化石が展示されている。

10
福島

いわき市石炭・化石館 ほるる

ダイナミックな空間が広がる化石展示室。2階から一望することもでき、まるで骨格たちが泳いでいるかのようだ。

ふるさとの地に浮かぶフタバスズキリュウ

石炭の産地として名高いいわき市の採炭の歴史と、市内や世界各地で発掘された化石などを展示している「いわき市石炭・化石館 ほるる」。いわき市大久町で発見された首長竜「フタバサウルス・スズキイ」の全身復元骨格をはじめとして、多数の古生物の貴重な化石が常設展示されている。

1968年に化石が発見されたフタバサウルス・スズキイは和名「フタバスズキリュウ」として有名で、古生物ブームの先駆けとなった存在。当館では、産状模型（化石の産出状態を保存したもの）と全身復元骨格の両方を一度に見ることができる。

同館1Fの化石展示室には、トリケラトプスや全長約22mのマメンチサウルス、アルバートサウルス、パラサウロロフス、ランベオサウルス類（幼体）の全身骨格、ティラノサウルスの頭骨と後肢などが一堂に展示。また、恐竜と同じ中生代に生きていた海棲爬虫類や、ランフォリンクスなどの翼竜の展示も充実している。加えて「恐竜の卵」や「エドモントサウルスの脛骨」などの実物の化石に直接触れられるコーナーもあり、質感を感じることができるのも楽しい。なお、現在は地震の影響により臨時休館しており、令和6年春には再開を予定している。

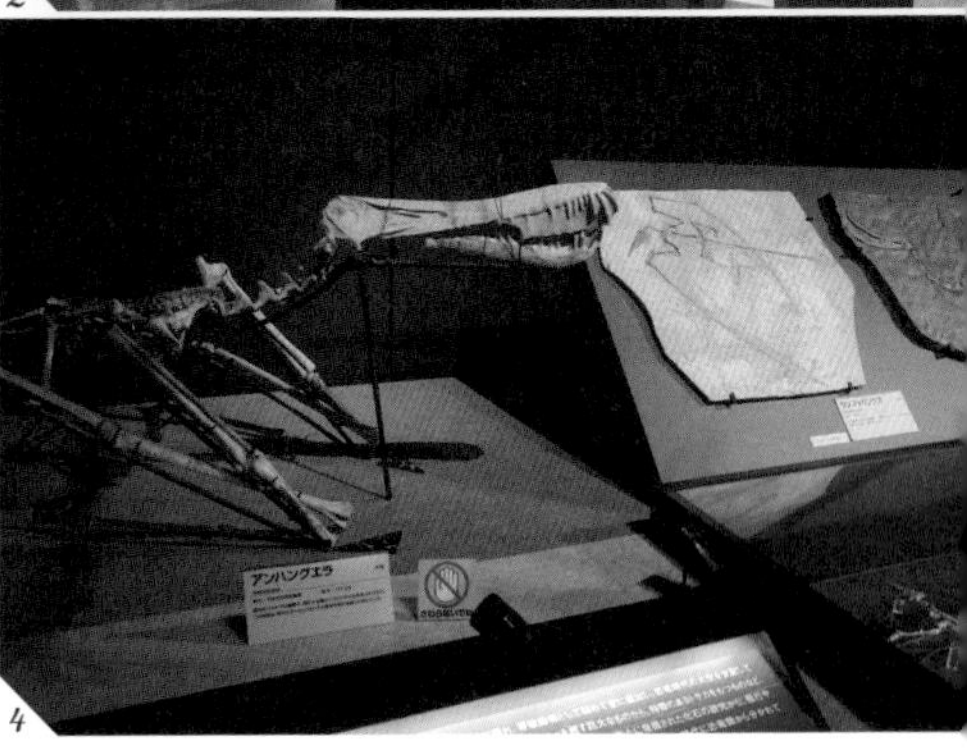

1 エントランスではフタバスズキリュウがお出迎え。骨格標本の下には、産状模型が広がる。骨格と見比べて観察してみよう。2 左から順にアルバートサウルス、トリケラトプス、パラサウロロフスの全身骨格。3 全長約22mのマメンチサウルスの全身骨格。近くで見るとより迫力満点。4 翼竜化石の展示も見どころの一つ。

DATA

いわき市石炭・化石館 ほるる

いわきしせきたん・かせきかん　ほるる

- 福島県いわき市常磐湯本町向田3-1
- 0246-42-3155
- 9:00～17:00（入館は16:30まで）
- 休 第3火曜、1月1日
- ¥ 一般660円、中・高・大学生440円、小学生330円
- 常磐自動車道「いわき湯本IC」から約10分
- JR常磐線湯本駅から徒歩約10分
- https://www.sekitankasekikan.or.jp/

＋αで楽しめる！

フタバスズキリュウのトートバッグ

フタバスズキリュウの骨格イラストがプリントされた、ほるる限定のオリジナル商品。フタバスズキリュウが、白亜紀の海を悠々と泳ぐ姿が印象的なデザインだ。

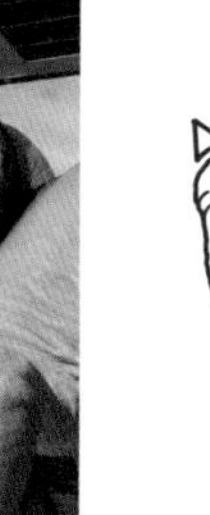

親子恐竜マイアサウラ劇場。大型の動く恐竜たちが白亜紀後期の様子を紹介する。

新潟県立自然科学館

1 ウミユリの化石に実際に触ることができる。2 恐竜の世界へ入り込んだような体験ができる「バーチャルディノワールド」を上映。

恐竜劇や映像で遊びながら恐竜を学ぶ

科学全般を遊びながら学ぶことができる参加・体験型自然科学館。4つのエリアに分かれた展示場で、恐竜を展示しているのは「自然の科学」エリアだ。「親子恐竜マイアサウラ劇場」というジオラマ劇は、子育て恐竜として知られるマイアサウラの親子の冒険を通して、その時代の哺乳類、植物などをわかりやすく紹介する。本物の恐竜の歯や脚の骨など触れる化石を展示する「化石コーナー」も見どころだ。ほかにも、「バーチャル・リアリティーシアター」は恐竜の世界を飛び出す映像で楽しむことができる。恐竜や科学の世界を遊びながら学ぶことができる、親子で行きたい科学館だ。

DATA

新潟県立自然科学館
にいがたけんりつしぜんかがくかん

- 新潟県新潟市中央区女池南3-1-1
- 025-283-3331
- 【平日】9:30～16:30（入館は16:00まで）【休日】9:30～17:00（入館は16:30まで）
- 休 火曜（祝日の場合は翌日）、年末年始、設備点検日あり
- ¥ 大人580円、小・中学生100円
- 磐越自動車道「新潟中央IC」より約6分
- 新潟駅より新潟交通バス女池線「野球場科学館前」下車、徒歩3分
- https://www.sciencemuseum.jp/

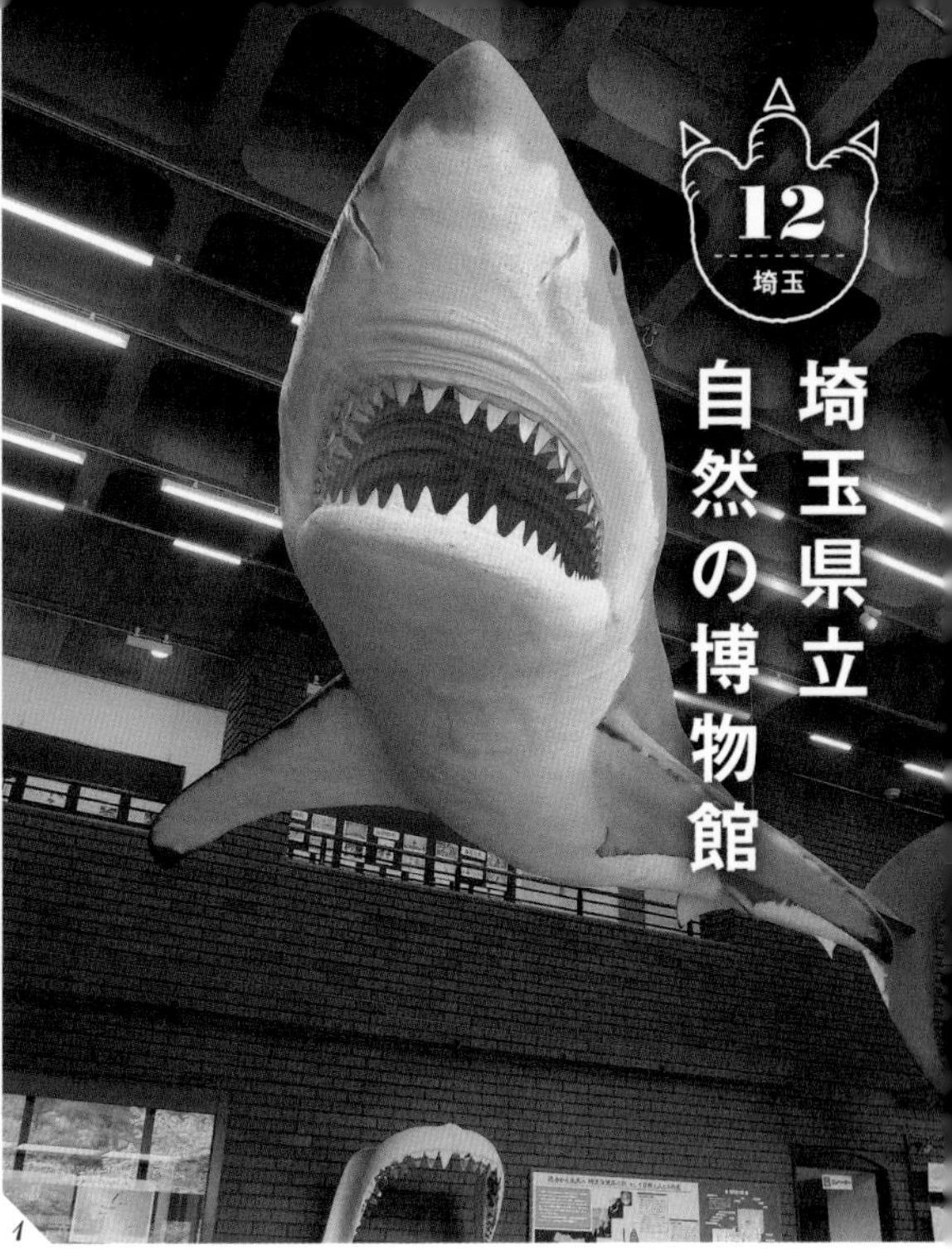

12
埼玉

埼玉県立自然の博物館

2
3
1

1 体長12mのカルカロドン・メガロドンの復元模型が入り口でお出迎え。2 生物展示ホールの様子。埼玉県の自然環境を学べる。3 パレオパラドキシアの全身骨格標本。

巨大ザメ・メガロドンがお出迎え

埼玉県唯一の自然系総合博物館「埼玉県立自然の博物館」。山の多い秩父地方だが、かつては海があり、産出する化石も海生動物のものが多い。古生物関連の展示では、秩父地域で見つかった謎の海生哺乳類パレオパラドキシアの化石がある。全身骨格は日本から7体しか見つかっておらず、そのうち2体の全身骨格化石のほか、国指定天然記念物となっている合計6標本を展示。ほかにも、巨大なサメ、カルカロドン・メガロドンの73本の歯群化石があり、1986年に深谷市を流れる荒川の河床から見つかった。化石から推定された体長12mの世界最大級の復元模型も展示され、その大きさに圧倒される。

DATA

埼玉県立自然の博物館

さいたまけんりつしぜんのはくぶつかん

- 埼玉県秩父郡長瀞町長瀞1417-1
- 0494-66-0404
- 9:00〜16:30（入館は16:00まで）※7〜8月は17:00まで
- 休 月曜（祝日・GW・7〜8月は開館）、年末年始、臨時休業あり
- ¥ 一般200円、高校生・大学生：100円、中学生以下無料
- 関越自動車道「花園IC」から約40分
- https://shizen.spec.ed.jp/

13
群馬

群馬県立自然史博物館

動くティラノサウルスに大興奮！

「群馬県立自然史博物館」は、群馬県の自然史を中心に、地球や生命の歴史をわかりやすく展示している博物館だ。恐竜関連の見どころは、ティラノサウルスの動く実物大ロボット模型と、全長15mのカマラサウルスの骨格標本、透明なフロア床の上から眺めるトリケラトプス化石の発掘現場再現ジオラマなど。また、バージェス頁岩（けつがん）動物群のジオラマやたくさんの化石標本などで、生命誕生の謎や恐竜の絶滅などの地球の歩みをたどることができる。

「ダーウィンの部屋」では博物学者の書斎を再現し、世界中から収集した動物、植物、鉱物等の標本を間近に観察し、装置で調べる体験ができる。ロボット博物学者に進化の話が聞けるのも面白い。「群馬の自然と環境」では、群馬の豊かな自然を再現したブナ林の巨大なジオラマをフロアに設置。群馬の自然を大きなスケールで学ぶことができる。ほかにも、春、夏、秋の年3回開催される企画展では、さまざまな視点や手法で自然のしくみに迫る興味深い展示を開催。野外での観察会や講演会など、幅広い層に向けたイベントも行っている。恐竜だけではなく、群馬の自然と環境を楽しく学ぶことができる、こだわりを感じる楽しい博物館だ。

1 2

3 4

1 群馬の豊かな自然を再現したブナ林のジオラマ。2 トリケラトプスの発掘現場を再現したエリア。透明なガラスの上を歩いて自由に観察することができる。3 全長15mのカマラサウルスの骨格標本。北米の最も有名な竜脚類で、ジュラ紀後期に栄えていた。4 博物学者のロボットによる進化の話が聞ける「ダーウィンの部屋」。

DATA

群馬県立自然史博物館

ぐんまけんりつしぜんしはくぶつかん

群馬県富岡市上黒岩1674-1

0274-60-1200

9:30〜17:00（入館は16:30まで）

休 月曜（祝日の場合は翌日）、年末年始

¥ 一般510円、大学・高専・高校生300円、中学生以下無料
※企画展開催時は特別料金、入館予約についてはHP参照

上信越自動車道「富岡IC」もしくは「下仁田IC」から約7km

・上州七日市駅より徒歩25分
・上信電鉄上州富岡駅からタクシーで15分

http://www.gmnh.pref.gunma.jp

＋αで楽しめる！

ティラノサウルスの博物館限定ノート

ミュージアムショップでは、恐竜グッズや古生物の化石、文房具などの自然科学関連のグッズが販売されている。なかでも博物館オリジナルデザインのティラノサウルスが描かれた「じゆうちょう」は子どもたちに大人気だ。

リアルに動くティラノサウルスの実物大模型

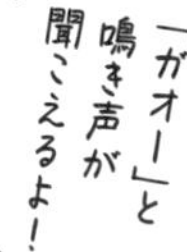

ライブシアター「よみがえる恐竜たち」。恐竜たちの驚きの生態をロボットシアターでドラマティックに再現。

14
群馬

神流町恐竜センター

戦ったまま化石になったモンゴルの恐竜

関東で唯一、恐竜化石が発見された群馬県神流町（かんなまち）に、1987年に設立されたのが「神流町恐竜センター」だ。'53年に工事の最中に見つかった謎の穴は、'85年に恐竜の足跡だと判明し、'81年に発見された胴椎骨の一部の化石は、後に獣脚類と判明したという歴史がある。

センター館内は全部で9つのゾーンに分かれ、ゾーン3のライブシアター「よみがえる恐竜たち」では恐竜ロボットから生態を学べる迫力満点のライブシアターが上演される。大人から子どもまで楽しむことができる見どころの一つだ。

館内に展示されているのは、オルニトミモサウルス類サンチュウリュウの胴椎骨の一部や、'94年と2015年に発見されたスピノサウルスの歯、タルボサウルスの全身骨格などがある。そしてひと際目立つのが、モンゴルの恐竜として有名なヴェロキラプトルとプロトケラトプスの格闘化石だ。この2体が戦ったまま化石になり、当時の恐竜たちの暮らしを想像させる珍しい化石だ。また、施設の近くの野外学習施設では不定期で「化石発掘体験」が開催されている。館内では「化石レプリカ作製体験」もあり、体験学習をするスポットも充実。親子で何度も通って楽しめる恐竜センターだ。

1 タルボサウルスの全身骨格。アジア最大最強の肉食恐竜で白亜紀のモンゴルに生息していた。2 館内にあるミュージアムカフェ「Rex Cafe」。オーガニックバーガーが人気だ。3 神流町恐竜センターの外観。神流町はかつて海岸に面していたと考えられている。

DATA

神流町恐竜センター

かんなまちきょうりゅうせんたー

- 群馬県多野郡神流町大字神ヶ原51-2
- 0274-58-2829
- 9:00〜16:30（入館は16:00まで）
- 休 月曜（祝日の場合は翌日）、木曜（12月〜3月末まで）
- ¥ 大人800円、子供（小中学生）500円
- 「藤岡IC」から約1時間（約46km）
- 群馬藤岡駅から日本中央バス奥多野線「上野村ふれあい館」または「しおじの湯」行、「恐竜センター」下車徒歩2分
- https://dino-nakasato.org

＋αで楽しめる！

オーガニックにこだわったカフェ「Rex Cafe by 銀河の森」でひと休み

館内には、神流町産を中心とした無農薬野菜をふんだんに使用したオーガニックカフェがある。無農薬の肉を使った添加物を使用しない「旬野菜たっぷりハンバーグプレート」や「Rex バーガー」が人気メニュー。

営業時間：10：00〜16：30

15
栃木

栃木県立博物館

ステゴサウルスとアロサウルスの全身骨格。後ろに見える栃木県産のクジラの化石も展示されている。

手が届きそうなほど近い恐竜の全身骨格

栃木県の歴史、岩石や鉱物、化石、植物や動物などを展示している「栃木県立博物館」。エントランスホールの高い天井には、翼竜プテラノドンの復元模型が展示され、大きな翼を広げて飛んでいる様子はまさに大空の王者だ。２階に上がると指先から表情まで、細部が間近で見られるのも嬉しい。

展示室１では、手の届きそうなくらい間近にステゴサウルスとアロサウルスの全身骨格標本を見ることができる。アロサウルス化石は新旧学説の並列展示というのが面白い。また栃木県産のクジラの化石も展示され、海がない栃木県のイメージとは全く異なる大昔の様子を知ることができる。

DATA

栃木県立博物館

とちぎけんりつはくぶつかん

- 栃木県宇都宮市睦町2－2
- 028－634－1311
- 9:30～17:00（入館は16:30まで）
- 休 月曜（祝日の場合は翌日）、定期消毒・年末年始　ほか
- ¥ 一般260円、大学生120円、中学生以下無料
- 東北自動車道「鹿沼IC」から約15分「宇都宮IC」から約16分
- http://www.muse.pref.tochigi.lg.jp/

「博物館レストラン」の人気デザート「恐竜のタマゴアイス」。卵型器のフタをあけるとフルーツたっぷりのバニラアイスが。

写真提供：ミュージアムパーク茨城県自然博物館

16
茨城

ミュージアムパーク茨城県自然博物館

本館第２展示室のティラノサウルス親子とトリケラトプスの動く恐竜ロボットの展示が人気だ。

動く恐竜たちとともに、太古の世界へ！

茨城で発掘された化石や岩石、鉱物を展示し、身近な環境と自然について学べる「ミュージアムパーク茨城県自然博物館」。恐竜がいるのは本館第２展示室で、「地球の生いたち」をテーマに、恐竜のジオラマやサーベルタイガー、鉱物を展示している。目玉のひとつが、親子のティラノサウルスとトリケラトプスが動く展示で、目の前で動く恐竜たちに、太古の世界にタイムスリップした感覚になれる。迫力があり、子どもたちに大人気なスポットだ。本館ではほかにも、宇宙の進化や自然のしくみ、生命の営みについて、ストーリー性のある展示で解説。恐竜と地球46億年の歴史を学ぼう。

DATA

ミュージアムパーク茨城県自然博物館

みゅーじあむぱーくいばらきけんしぜんはくぶつかん

- 茨城県坂東市大崎700
- 0297-38-2000
- 9:30～17:00（入館は16:30まで）
- 休 月曜（祝日の場合は翌日）、年末年始
- ¥ 一般750円、満70歳以上370円、高大生460円、小中生150円
- 常磐自動車道「谷和原IC」から20分
- 東武アーバンパークライン愛宕駅から茨城急行バス「自然博物館入口」下車徒歩15分　ほか
- https://www.nat.museum.ibk.ed.jp/

レストラン「ル・サンク」で人気の「恐竜カレー」。恐竜のナゲットが乗った、ボリューム満点のカレーだ。

国立科学博物館

地球館地下1F では、「恐竜の謎を探る」をテーマにさまざまな恐竜の骨格標本を展示。ティラノサウルスとトリケラトプスが向き合っている様子にも注目。

しゃがんだ姿勢のティラノサウルス

国立の唯一の総合科学博物館である「国立科学博物館」は、1877年創立の歴史ある博物館の一つだ。古生物に関する展示が充実し、地球館の地下1Fには「地球環境の変動と生物の進化」をテーマにした恐竜化石の展示フロアがあり、系統進化や生態などが紹介されている。

化石は、始祖鳥やアパトサウルス、ヘレラサウルス、ステゴサウルス、デイノニクス、バンビラプトルなどの有名な恐竜たちだけでなく、世界でも珍しい「しゃがんだ姿勢のティラノサウルスの全身骨格標本」もあり、向かい側にいるトリケラトプスを待ち伏せしているイメージで展示されているのが面白い。ほかにも実物化石を取り混ぜて復元したパキケファロサウルス、羽毛恐竜のミクロラプトル、抱卵状態を復元した獣脚類シチパチなどがあり、恐竜好きにはたまらない空間となっている。

恐竜のほかにも、日本館3F北の「日本列島の生い立ち」では、フタバスズキリュウの復元された全身骨格だけでなく、頭骨や上腕骨、鎖骨、左後肢などの実物化石も展示されている。恐竜以外にも見どころがたくさんあり、じっくり見て回るなら1日では見終わらないほど、充実した展示が楽しめる。

1 バシロサウルスとティロサウルス。バシロサウルスは約4000万年前の新生代にいたクジラ類。ヘビのような長い体が特徴。ティロサウルスは白亜紀にいた海生爬虫類。ワニのような頭部をもつ。2 恐竜類の後継となった哺乳類や鳥類の剥製がズラリと展示されている。3 コロンブスマンモスの骨格標本。新生代の更新世から完新世にかけて生息していた。最も大きく、歴史上最後に現れたマンモスといわれる。

DATA

国立科学博物館

こくりつかがくはくぶつかん

- 東京都台東区上野公園 7-20
- 050-5541-8600（ハローダイヤル）
- 9:00～17:00（入館は16:30まで）
- 休 月曜（祝日の場合は翌日）、年末年始
- ¥ 一般・大学生630円、高校生以下および65歳以上無料、特別展は別料金
- ・JR上野駅から徒歩5分
  ・東京メトロ銀座線から徒歩10分
  ・日比谷線上野駅から徒歩10分
  ・京成線京成上野駅から徒歩10分
- https://www.kahaku.go.jp

写真提供：国立科学博物館

＋αで楽しめる！

科博限定の恐竜グッズを集めよう！

ミュージアムショップには、恐竜のオリジナル商品が販売されている。トリケラトプスなどの刺繍がはいったソックスや、かわいいスタンプなど、科博ならではの恐竜グッズを買ってみよう！

「刺繍ソックス　トリケラトプス」（866 円：税込）

「ほっこりスタンプ　ティラノサウルス」（470円：税込）

18
神奈川

神奈川県立生命の星・地球博物館

生命の神秘を表したエントランスホール。円筒型の天井の内側は「宇宙波」というタイトルの波の絵が描かれている。

生命の力を感じる 大迫力の恐竜全身骨格

46億年に渡る地球の歴史や生命の発展の様子を、標本や資料、ハイビジョンシアターなどで紹介している自然史博物館。常設展示室では、恐竜や隕石から、小さな昆虫まで多数の実物標本を通して、歴史の流れを追っていく。展示されている恐竜化石の標本の中には、ほとんどが本物の化石のパーツから組み立てられ復元されたものもあり、エドモントサウルスやティラノサウルス、ディプロドクス、翼竜類などの全身復元骨格を見ることができる。骨格標本がズラリと並んだ空間は、まるで恐竜が行進しているようで、ものすごい迫力だ。

ティラノサウルスやディプロドクスなどの恐竜の全身骨格標本が並ぶ。今にも動き出しそうなダイナミックな空間が広がっている。

1 白亜紀に生息した大型の草食恐竜のエドモントサウルスの全身骨格標本。実物の化石から組み上げられている。
2 ティラノサウルスの全身骨格標本。

DATA

神奈川県立 生命の星・地球博物館

かながわけんりつ せいめいのほし・ちきゅうはくぶつかん

- 神奈川県小田原市入生田499
- 0465-21-1515
- 9:00～16:30（入館は16:00まで）
- 休 月曜（祝日の場合は翌日）、館内整備日、年末年始　ほか
- ¥ 一般520円、15歳～20歳未満300円、高校生・65歳以上100円、中学生以下無料
- 箱根登山鉄道「入生田（いりうだ）」駅から徒歩3分
- https://nh.kanagawa-museum.jp

19
福井

福井県立恐竜博物館

恐竜の世界を大型3面スクリーンで再現。リアルで大迫力の太古の時代を体験しよう！
（※写真はイメージです）

さらに進化する！　世界三大恐竜博物館

2000年に開館した「福井県立恐竜博物館」は、恐竜をテーマとした国内最大級の自然史博物館で、世界三大恐竜博物館とも称されている。現在、リニューアルの改修工事等に伴って休館中だが、'23年の7月14日のオープンに合わせて展示内容も大きくグレードアップする予定だ。

「恐竜の世界」「地球の科学」「生命の歴史」の3つのゾーンから構成された常設展示室は、長径84m、広さ4500㎡のドーム型建築になっている。「恐竜の世界」ゾーンでは、50体の恐竜の全身骨格が展示。カマラサウルスやアロサウルスなどの10体は、実物の化石を用いて組み上げられているのが珍しい。福井県で発掘された5種のうち復元されたフクイサウルス、フクイラプトル、フクイベナートルの全身骨格、そして当時日本領だった樺太で初めて発見されたニッポノサウルスの骨格も展示。日本の恐竜時代とアジア地域の最新の調査の様子を紹介している。増築中の新館には、恐竜のリアルを体感できる新たなゾーンが誕生。縦9m×横16m×3面の大型スクリーンで恐竜の世界を再現する（特別展開催時はご覧いただけません）。待望のリニューアルで、さらなる感動と発見を楽しもう。

1「恐竜の世界」エリアの様子。50体もの全身骨格が展示されたダイナミックな空間となっている。2「地球の科学」エリア。地球の歴史や、岩石や化石、鉱物、宝石などを展示している。3「生命の歴史」エリア。脊椎動物の骨格標本などを展示し、動物と植物の関わりの歴史を学ぶ。※上記3点の写真はすべてリニューアルオープン前のものです。

DATA

福井県立恐竜博物館

ふくいけんりつきょうりゅうはくぶつかん

- 福井県勝山市村岡町寺尾51-11
- 0779-88-0001
- 9:00～17:00（入館は16:30まで）※要予約
- 休 第2・4水曜、年末年始、臨時休館あり
- ¥ 常設展：一般1000円、高・大学生800円、小・中学生500円、70歳以上500円
- ・北陸自動車道「福井北JCT」から約30分
・東海北陸自動車道「白鳥JCT・IC」から約1時間30分
- えちぜん鉄道勝山駅から京福バス「恐竜博物館」下車
- https://www.dinosaur.pref.fukui.jp

写真提供：福井県立恐竜博物館

＋αで楽しめる！

新しいプログラム「化石研究体験」に参加してみよう！

リニューアルオープン後、化石クリーニングやCT化石観察など、恐竜のリアルをより体感できるゾーンが加わる。化石研究を体験できる絶好の機会だ！

20
長野

信州新町化石博物館

信州にいたクジラの化石と出合える

長野市信州新町周辺は、貝やクジラの化石などおよそ500万年前の海の生物の化石が発見されており、博物館にはシンシュウセミクジラの化石が展示されている。現生種のセミクジラとは異なる新種として長野県の天然記念物に指定されている貴重な化石だ。ほかにも、アロサウルスとカンプトサウルスの全身骨格標本（レプリカ）、ティラノサウルスの頭骨（レプリカ）などがあり、信州の化石から恐竜まで幅広い展示を楽しむことができる。博物館の駐車場には、黄色と青色が鮮やかなディプロドクスの実物大復元模型が展示され、来館者の記念撮影スポットにもなっている。

1 常設展示室。アロサウルスをはじめ、さまざまな化石が来館者を迎える。2 シンシュウセミクジラの化石。鮮新世の世界最古級のセミクジラ属だ。3 実物大のディプロドクス。思い出に一緒に写真を撮ろう。

DATA

信州新町化石博物館
しんしゅうしんまちかせきはくぶつかん

- 長野県長野市信州新町上条88-3
- 026-262-3500
- 9:00～16:30（入館は16:00まで）
- 休 月曜（祝日の場合は翌日）、年末年始
- ¥ 大人500円、高校生300円、小・中学生200円
- ・長野市内（国道19号線沿い）より約40分、松本市より約1時間
  ・長野自動車道「安曇野IC」より約50分
- http://www.ngn.janis.or.jp/~shinmachi-museum/

21
長野

松本市四賀化石館

1 シガマッコウクジラの全身骨格化石。化石の特徴から、俊敏で獰猛な肉食のクジラだったと推測されている。2 動物の剥製がズラリと並ぶ。3 博物館の外観。背景にあるのは雄大な日本アルプスだ。

世界で2例しかない最古のシガマッコウクジラ

「松本市四賀化石館」の大きな見どころが、1300万年前の地層から見つかった「シガマッコウクジラ」の全身骨格だ。1986年、地元の小学生が釣りをしている時に見つけた歯の化石をきっかけに、大規模な発掘作業を開始。その結果、全身骨格としては世界最古のマッコウクジラの化石が発見された。全身骨格は世界で2例しかなく、とても貴重な化石だ。産状も展示され、発掘時の様子も知ることができる。ほかにも、博物館で旧四賀村域で採集されたクジラ類や貝類、植物などの化石を多数展示。世界の動物の剥製もズラリと展示され、今にも動き出しそうな迫力ある空間だ。

DATA

松本市四賀化石館
まつもとししがかせきかん

- 長野県松本市七嵐85－1
- 0263-64-3900
- 9:00～17:00（入館は16:30まで）
- 休 3～11月の月曜（祝日の場合は翌日）、12～2月の平日、年末年始
- ¥ 大人（高校生以上）310円、小人（小・中学生）150円
- ・長野自動車道「安曇野IC」より20分
  ・松本バスターミナルより四賀線「化石館」下車
- http://matsu-haku.com/shigakaseki/

22
長野

飯田市美術博物館

ロビー展示のスピノサウルスやアケボノゾウなどの骨格標本が大迫力だ。

大きな頭骨が大迫力のスピノサウルス

「飯田市美術博物館」は博物館・美術館・プラネタリウムが一つになった総合博物館。ロビーには、スピノサウルス、ヴェロキラプトル、プロトケラトプスなどの全身骨格標本が展示され、大きな恐竜たちがお出迎え。ちなみに、スピノサウルスの全身復元骨格は全国でも珍しく、大きいフォルムが実に圧巻。また、伊那谷（いなだに）が浅い海だった約1800万年前頃のクジラや束柱類などの哺乳類化石が展示され、伊那谷の地質学を学ぶことができる。展示のほかにも、春には敷地内の樹齢400年以上の桜の巨木「安富桜」（県指定天然記念物）の開花がみられる。お花見も兼ねて訪れるのもおすすめだ。

1 2 自然部門常設展示の様子。伊那谷の生物や地質をじっくりと学ぶことができる。3 美術博物館の外観。桜の巨木がみごと。4 肉食性のヴェロキラプトル(左)と植物食性のプロトケラトプス(右)が格闘している姿がわかる化石。

DATA

飯田市美術博物館

いいだしびじゅつはくぶつかん

- 長野県飯田市追手町2丁目655-7
- 0265-22-8118
- 9:30〜17:00（入館は16:30まで）
- 休 月曜（祝日の場合は翌日）、年末年始、臨時休館あり
- ¥ 一般150円、高校生100円、小中学生50円（自然・文化常設展示のみ）
- ・中央自動車道「飯田IC」から15分
  ・高速バス終点「飯田商工会館」から徒歩5分
- JR飯田駅から徒歩20分
- https://www.iida-museum.org

※工事のため2023年10月16日から休館。2024年3月9日から開館予定

23 愛知
豊橋市自然史博物館

全長17mもあるユアンモウサウルスの全身骨格標本。ほかにも11体の恐竜を間近で見ることができる迫力満点の展示室。

必見！ 実物全身骨格のエドモントサウルス

地球の歴史と生物の進化、郷土の自然について学ぶことができる「豊橋市自然史博物館」。豊橋総合動植物公園「のんほいパーク」内に所在する施設だ。恐竜の展示では計12体の全身骨格標本がある。恐竜時代を紹介する「中生代展示室」では、ユアンモウサウルスの骨格標本など合計8体を展示。なかでも博物館のシンボルともいえるエドモントサウルスは大きな見どころだ。入口前の広場にはブラキオサウルス親子をはじめ、10体の実物大復元模型が展示。大型映像では恐竜や自然に関する超高精細の3D映像を日本最大級のスクリーンで楽しめる。

＋αで楽しめる！

当館限定、のんほいエドモントサウルス

博物館建設のきっかけとなったエドモントサウルスのオリジナルぬいぐるみ。子どもたちに大人気の商品だ。

1 エドモントサウルスの骨格標本。90%が実物の化石で作られている。2「自然史スクエア」には、ティラノサウルスとトリケラトプスが対峙。肉食と植物食の違いを比較することができる。3 施設前の野外恐竜ランドにはブラキオサウルスほか、多数の復元模型が展示されている。

DATA

豊橋市自然史博物館

とよはしししぜんしはくぶつかん

愛知県豊橋市大岩町字大穴1-238（豊橋総合動植物公園内）

0532-41-4747

9:00～16:30（入館は16:00まで）

休 月曜（祝日の場合は翌平日）、年末年始

¥ 常設展示室は無料
※総合動植物公園入園料：大人600円、小中学生100円

・「浜松IC」から約1時間
・「豊川IC」から約10分
・「音羽蒲郡IC」から約50分

http://www.toyohaku.gr.jp/sizensi/

24
大阪

大阪市立自然史博物館

第2展示室「地球と生命の歴史」の様子。アロサウルスやステゴサウルス、ナウマンゾウの大きな恐竜骨格標本が並ぶ。

大阪の自然と地球の歴史を通じて恐竜を学ぶ

「大阪市立自然史博物館」は、自然界の構造や生物の歴史を学べる自然史博物館だ。エントランスの「ナウマンホール」のナウマンゾウ復元模型をはじめ、古生物関連の展示が充実。第2展示室「地球と生命の歴史」では、大阪平野や日本列島のおいたちを遡り、多くの化石が展示されている。

ステゴサウルスやアロサウルスの全身骨格があり、迫力あるラインナップだ。また、ケチオサウルスの大腿骨やアンモナイト化石には実際に触ることもできる。博物館では展示のほかにも野外での自然観察会やワークショップなどのイベントも開催している。博物館をより満喫してみよう。

DATA

大阪市立自然史博物館
おおさかしりつしぜんしはくぶつかん

- 大阪府大阪市東住吉区長居公園1-23
- 06-6697-6221
- 【3～10月】9:30～17:00（入館は16:30まで）
  【11～2月】9:30～16:30（入館は16:00まで）
- 休 月曜（祝日の場合は翌平日）、年末年始（12月28日～1月4日）
- ¥ 大人300円、高校生・大学生200円、中学生以下無料、市内在住の65歳以上の方（要証明）無料
- Osaka Metro御堂筋線長居駅より徒歩約10分
- https://www.omnh.jp

和泉層群から見つかったアンモナイト化石をプリントしたトートバッグ。ミュージアムショップで販売。

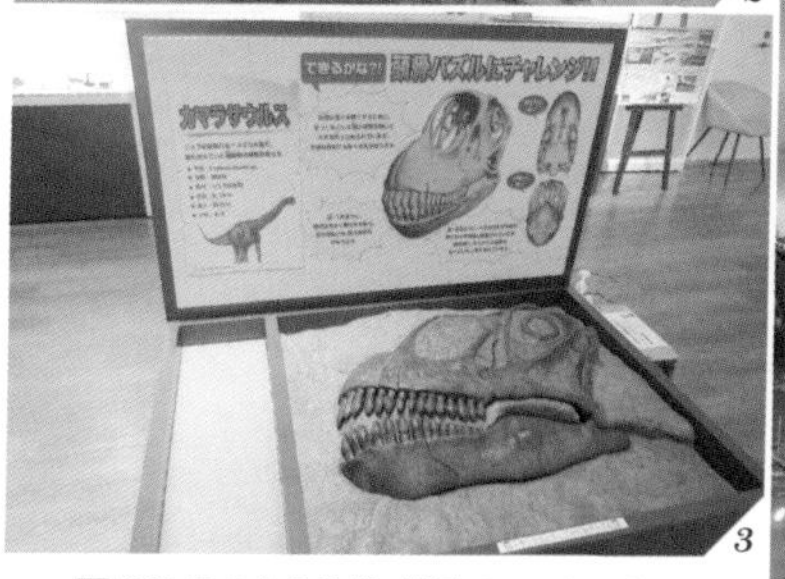

1 丹波竜の全身骨格。世界で一つしかないレプリカだ。その大きさに圧倒される。2 発掘現場の再現展示。実際に発掘で使われている道具も展示され臨場感たっぷり。3 恐竜パズルは人気コーナー。肉食恐竜と植物食恐竜の頭骨の違いが把握できる。

25 兵庫

丹波竜化石工房 ちーたんの館

世界に一つしかない丹波竜の全身骨格標本

2006年、兵庫県丹波市にある前期白亜紀の地層が広がる篠山層群で、一部の化石が見つかり、2014年に「タンバティタニス・アミキティアエ」という名で新種として登録された。館内では、世界で唯一の丹波竜の全身骨格標本が展示され、約15mの巨大な丹波竜の骨格模型は大迫力だ。ほかにも発掘の様子を再現した化石産状のモニュメントや、篠山層群の恐竜化石のレプリカや実物化石を見ることができる。また、鎧竜ガストニアやティラノサウルスの仲間のシオングアンロンなどの全身骨格も展示。見て触って体験できる施設だけに、恐竜の頭骨を組み立てるパズルコーナーも人気だ。

DATA

丹波竜化石工房 ちーたんの館
たんばりゅうかせきこうぼう　ちーたんのやかた

- 丹波市山南町谷川 1110
- 0795-77-1887
- 【4〜10月】10:00〜17:00（入館は16:30まで）
  【11〜3月】10:00〜16:00（入館は15:30まで）
- 休 月曜（祝日の場合は翌日）、年末年始、臨時休館あり
- ¥ 大人（高校生以上）210円、小中学生100円
- 舞鶴若狭自動車道「丹南篠山口 IC」より約30分
- ・JR 加古川線久下村駅から徒歩10分
  ・JR 福知山線谷川駅から路線バス・タクシーで5分（徒歩約20分）
- https://www.tambaryu.com/

26
兵庫

兵庫県立人と自然の博物館

「地球・生命と大地」エリアの様子。アメリカマストドンの骨格標本は見どころの一つだ。

丹波ならではの恐竜化石を満喫しよう

「人と自然の共生」をテーマとした「兵庫県立人と自然の博物館」。兵庫県各地域から産出する代表的な動植物化石を展示しているのが、3階の「兵庫の恐竜化石」だ。ここではタンバティタニスの実物標本、産状レプリカ、頭骨レプリカ、ヤマトサウルスのレプリカ標本などが見られる。3階では猪や鹿などの森に生きる動物たちの剥製も勢ぞろい。蝶やカブトムシなどの昆虫の標本もあり、恐竜以外にも興味をひかれる展示がたくさんある。

1階の「地球・生命と大地」では、兵庫県の大地を造る岩石・鉱物の標本などが展示され、日本では珍しいアメリカマストドンの骨格標本があり、見逃せない展示だ。

4階にある「ひとはくサロン」では、来館者が体験しながら学べるワークショップやイベントが開催され、子どもを連れて訪れたときは立ち寄りたいエリアだ。図書コーナーもあり、子どもがイベントに参加している間、本を読んで過ごすことも可能だ。

また博物館本館近くに「ひとはく恐竜ラボ」という化石クリーニングを行っている施設があり、丹波市・丹波篠山市の篠山層群から発見された恐竜や動物のクリーニング作業を見学できる。

1 タンバティタニスの産状レプリカ。発掘された化石の部分がわかりやすい。2「兵庫の恐竜化石」エリアの入り口。恐竜の化石を発掘したときの様子がわかる。プラスタージャケット（化石の保護材）なども展示されている。3「ひとはくサロン」に展示しているトリケラトプスの頭骨レプリカ。

DATA

兵庫県立人と自然の博物館

ひょうごけんりつひととしぜんのはくぶつかん

- 兵庫県三田市弥生が丘6丁目
- 079-559-2001
- 10:00～17:00（入館は16:30まで）
- 休 月曜（祝日の場合は翌日）、年末年始、冬季メンテナンス、臨時休館あり
- ¥ 大人200円、大学生150円、70歳以上100円、高校生以下無料
- 中国自動車道「神戸三田IC」から約10分 ※駐車場なし
- ・神戸電鉄フラワータウン駅から徒歩約5分
  ・神姫バス「フラワータウンセンター」下車より徒歩約5分
- https://www.hitohaku.jp/

写真提供：兵庫県立人と自然の博物館

+αで楽しめる！

丹波竜フィギュアを集めよう！

エントランスホールにミュージアムショップがあり、タンバティタニスのフィギュアが人気だ。調査研究に基づいて創られた本格的フィギュアで、産地ならではのフィギュアを集めるのも面白い。

27
岡山

笠岡市立カブトガニ博物館

カブトガニシアターでは「超空間探索船 KABU-2（カブツー）」に乗った気分で、恐竜時代を楽しく学ぶことができる。

生きている化石・カブトガニに会おう！

生きている化石ともいわれるカブトガニをテーマとした世界で唯一の博物館。絶滅の恐れがあるカブトガニの繁殖と保護のために開設。大型水槽で飼育されているカブトガニの成体（親）が間近に観察できる。博物館では同時に、古生物資料の展示や紹介を行っている。博物館の2階へと上がるなだらかな「ダイノスロープ」には、大小さまざまな恐竜の骨格などが展示されている。登り口にあるのが、海棲爬虫類のプレシオサウルスの全身骨格標本だ。登る途中で吠えかかってくるのがバリオニクスの復元模型で、初めて訪れた人はびっくりするだろう。スロープ最上階にあるのは、竜脚類カマラサウルスの全身骨格標本で、このようにカブトガニ以外の古生物の展示も充実している。

ほかにも博物館外には恐竜公園があり、恐竜や古生物の実物大模型が展示されている。ティラノサウルス、プテラノドンなど合わせて8体の恐竜がいて、公園で遊ぶこともできる。

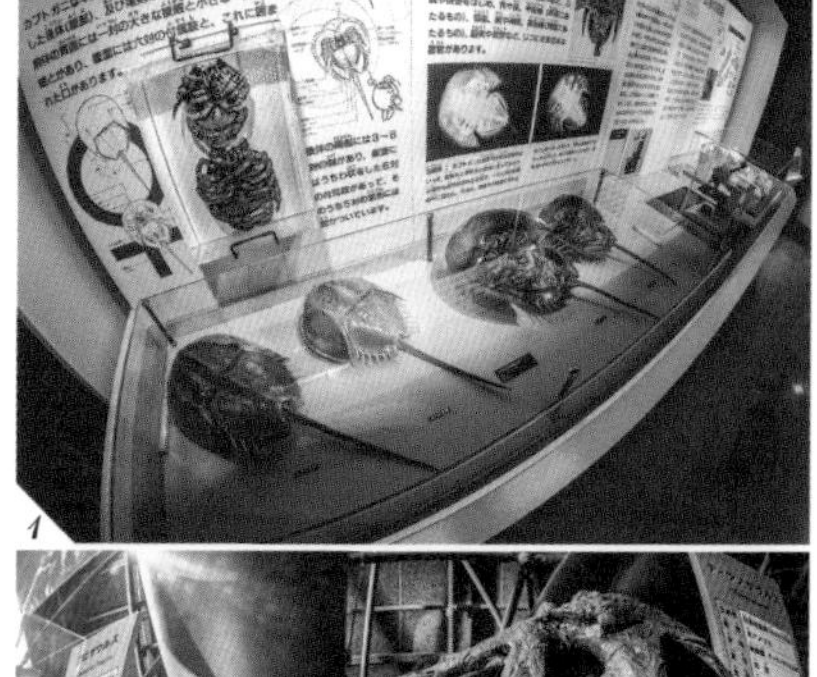

1

2

3

1 カブトガニの生態や成長過程を展示。2 ダイノスロープに展示しているティラノサウルスの頭骨。3 博物館の外観。上から見るとカブトガニの形をしている。

＋αで楽しめる！

かわいいカブトガニグッズが勢ぞろい！

博物館オリジナルのマスキングテープやカブトガニＴシャツを販売。カブトガニの脱皮殻などのマニアックなグッズもあり、見て回るだけで楽しめる。来館を記念してカブトガニグッズをゲットしよう！

笠岡市立カブトガニ博物館

かさおかしりつかぶとがにはくぶつかん

- 岡山県笠岡市横島1946-2
- 0865-67-2477
- 9:00～17:00（入館は16:30まで）
  ※恐竜公園も17:00閉園
- 月曜（祝日の場合は翌日）、年末年始、ほか
  ※無休の期間あり
- 一般520円、高校生310円、小・中学生210円、65歳以上・市内在住の小中学生無料
- 山陽自動車道「笠岡IC」から20分
- JR笠岡駅から井笠バスカンパニー「神島線」乗車「カブトガニ博物館前」下車
- https://www.city.kasaoka.okayama.jp/site/kabutogani/

写真提供：笠岡市立カブトガニ博物館

28
愛媛

愛媛県総合科学博物館

世界最大級の動く恐竜ロボットを2体展示しているのは当館だけだ。

動く！ ティラノサウルスの実物大ロボット

自然科学や科学技術について学べる博物館で、古生物関連は展示棟4階の自然館で紹介されている。博物館の大きな見どころは、実物大ロボットのティラノサウルスとトリケラトプスで、大きなうなり声を上げながら動く様子は大迫力だ。ほかにも、生物の誕生を紐解く「生きものたちのヒストリーロード」や化石の実物に触れることができる「キッズディノ」も子どもたちに人気のエリアだ。パラサウロロフスやアロサウルスなどの全身骨格複製や、恐竜の歯や糞などの実物化石も展示されている。年間を通して企画展・特別展などのイベントも開催されているため、何度訪れても楽しい博物館だ。

DATA

愛媛県総合科学博物館
えひめけんそうごうかがくはくぶつかん

- 愛媛県新居浜市大生院　2133-2
- 0897-40-4100
- 9:00～17:30（入館は17:00まで）
- 休 月曜（第1月曜は開館、祝日の場合は翌日）、年末年始
- ¥ 高校生以上540円、65歳以上280円、小中学生無料
- 松山自動車道「いよ西条IC」から約5分
- https://www.i-kahaku.jp

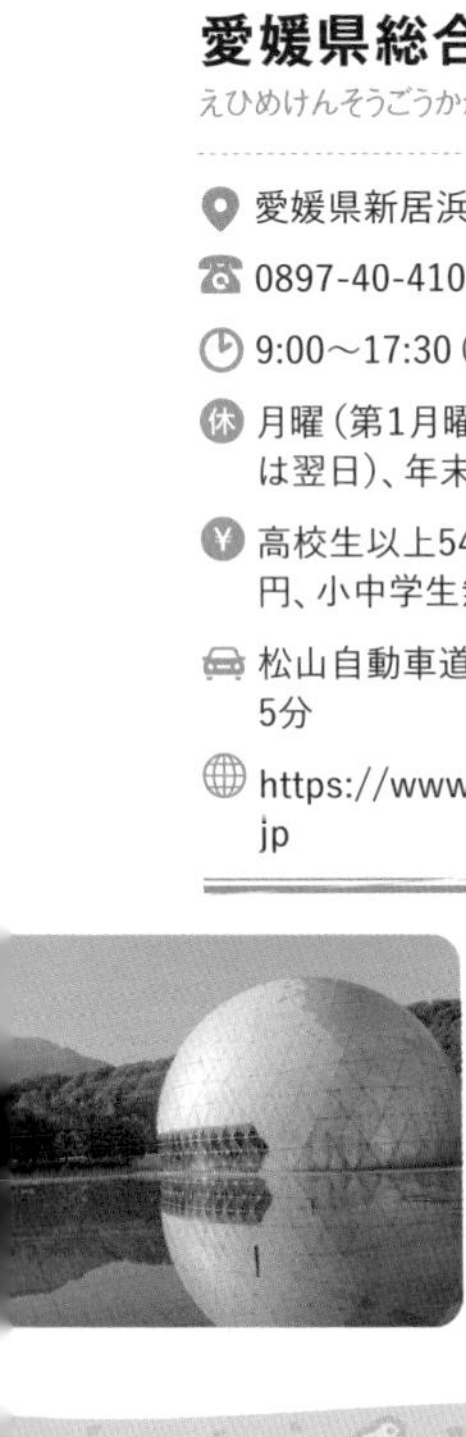

世界最大級のドーム（直径30m）のプラネタリウムも見どころ。大迫力の映像が広がり、まるで宇宙空間に飛び出したかのような体験ができる。

29
高知

横倉山自然の森博物館

1 博物館は建築家・安藤忠雄氏が設計した建物で、美しい景色を堪能できる。2 化石や隕石に触れられる体験コーナー。3「地球の歴史」エリアの様子。トリケラトプスの頭骨が目立つ。

横倉山の歴史ある自然と、貴重な化石に触れる

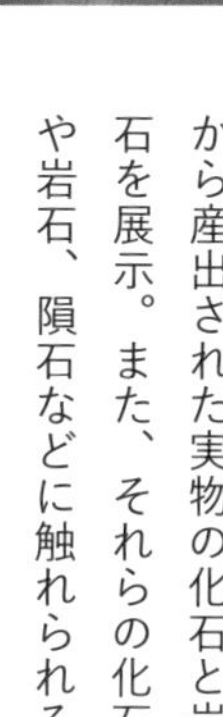

高知県の横倉山は、4億年以上も前の化石が見つかった場所として知られ、当時生息していたサンゴや三葉虫の化石が産出する場所として学術的にも貴重な山だ。「横倉山自然の森博物館」では、横倉山から産出された実物の化石と岩石を展示。また、それらの化石や岩石、隕石などに触れられる体験コーナーもあり人気だ。注目は、白亜紀の恐竜トリケラトプスの頭骨化石（実物）で、目の前で観察するとその大きさに驚くだろう。また古生物のほかにも、植物学者として有名な牧野富太郎が愛した植物についての展示や、世界的な建築家・安藤忠雄氏が設計した建物など、見どころあふれる博物館だ。

DATA

横倉山自然の森博物館
よこぐらやましぜんのもりはくぶつかん

- 高知県高岡郡越知町越知丙737番地12
- 0889-26-1060
- 9:00〜17:00（入館は16:30まで）
- 休 月曜（祝日の場合は翌日）、年末年始
- ¥ 大人500円、高校・大学生400円、小学・中学生200円
- 「伊野IC」から国道33号線を松山方面に約40分
- 佐川駅より黒岩観光バスで「宮の前」下車、徒歩5分
- https://www.yokogurayama-museum.jp/

2

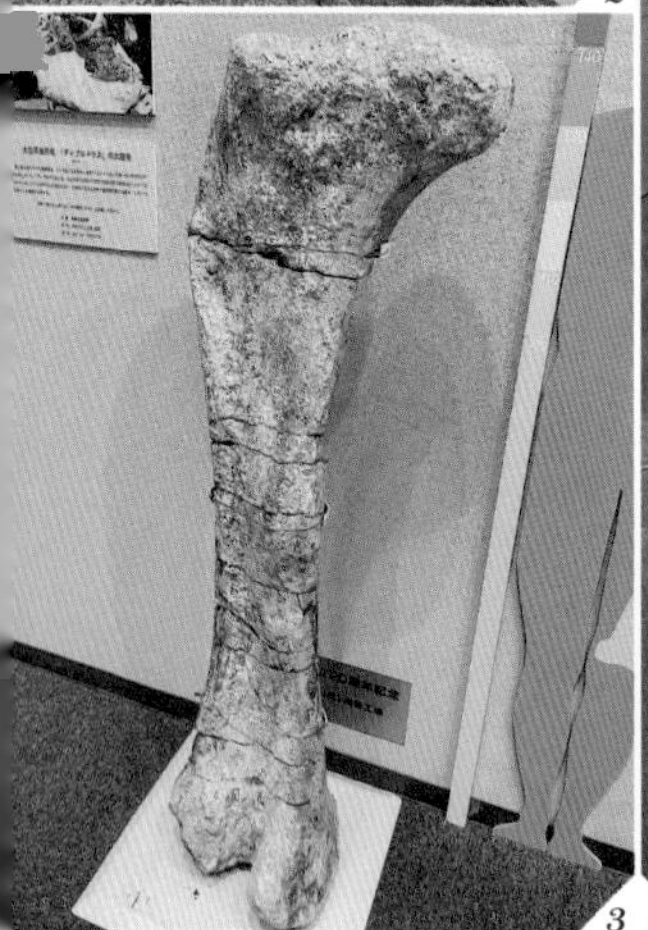

3

1

30
高知

佐川町立佐川地質館

化石の宝庫の地で珍しい世界中の化石に触れる

日本の地質学発祥の地の1つとされている佐川盆地。「佐川町立佐川地質館」は、地球と生命の歴史をいろいろな角度から学べる、「地質・化石の佐川」ならではの博物館だ。古生物関連では、ティラノサウルスの動く模型や、佐川町で発見されたプレシオサウルス類の歯があり、「ジオファンタジックルーム」には、ディプロドクスの大腿骨化石、ウミサソリ、巨大アンモナイトなどの珍しい化石が展示されている。屋外展示場には中に入って探検もできる鍾乳洞の模型を展示。約2億年前の地層から運んできた二枚貝化石「モノチス」を拾うことができるコーナーもあり、見どころがたくさんだ。

1「ジオファンタジックルーム」には世界中の珍しい化石や、巨大な紫水晶が展示されている。2 エントランスのティラノサウルスは圧巻のスケールだ。3 ジュラ紀のディプロドクスの大腿骨化石は1.4mもの大きさ。

DATA

佐川町立佐川地質館
さかわちょうりつさかわちしつかん

- 高知県高岡郡佐川町甲360番地
- 0889-22-5500
- 9:00〜17:00（入館は16:30まで）
- 休 月曜（祝日の場合は翌日）、年末年始
- ¥ 一般300円、小・中・高生100円
- JR佐川駅から徒歩13分
- https://sakawa-geomuseum.jp

31
福岡

北九州市立いのちのたび博物館

手前のティラノサウルスは「スー」という愛称で知られるほぼ完全なティラノサウルス・レックスのレプリカ。

世界最大のティラノサウルスを見に行こう

西日本最大級の自然史・歴史博物館である「北九州市立いのちのたび博物館」。生命の進化をテーマにした常設展「アースモール」はダイナミックな恐竜の骨格標本が一堂にそろう。全長約15ｍのスピノサウルス、トリケラトプス、ギガノトサウルスなどの全身骨格標本、古生物では全長約４ｍのオオナマケモノの一種、エレモテリウムも展示。中でも注目は、全長が約12・8ｍの世界最大のティラノサウルスの標本だ。エンバイラマ館では、1億3000万年前の北九州を再現したジオラマの中で恐竜ロボットが自由に動き、太古の世界を体感できる。幅広い年齢層が楽しみながら学べる博物館だ。

DATA

北九州市立いのちのたび博物館

きたきゅうしゅうしりつ いのちのたび はくぶつかん

- 福岡県北九州市八幡東区東田2-4-1
- 093-681-1011
- 9:00～17:00（入館は16:30まで）
- 休 年末年始、6月下旬頃（害虫駆除）
- ¥ 大人600円、高・大生360円、小・中学生240円、小学生未満無料
- ・北九州都市高速「東田出入口」より約2分
  ・北九州都市高速「枝光出入口」より約3分
- 小倉駅より西鉄バスジアウトレット北九州行「いのちのたび博物館」下車、徒歩約2分　ほか
- https://www.kmnh.jp

エンバイラマ館。恐竜ロボットが動き、太古の時代を解説する。

「トリックス」と名付けられたティラノサウルスの全身骨格レプリカ。世界最大クラスの骨格で、さまざまな角度から迫力のある姿を見ることができる。

ダイナミックなティラノサウルスに感動！

国内で初めて発見された長崎市産ティラノサウルス科大型種の化石などをはじめ、数多くの標本を展示している博物館。展示物の大きな見どころの1つが、世界最大クラスのティラノサウルスの全身骨格標本だ。これはオランダの国立自然史博物館との連携事業の一環で作られたレプリカで、第6代オランダ国王（女王）の名前にちなんで「トリックス」と愛称される。ほかにも、長崎にいたティラノサウルス科の恐竜を復元した全長約6mのロボットも人気で、においを嗅いだり吠えたりとリアルな躍動感を感じることができる展示となっている。

＋αで楽しめる！

化石の研究所を無料で見学できる「オープンラボ」

国内の自然史博物館では数少ないX線CTスキャナを導入している研究室やクリーニング室などがあり、最新研究の様子を見ることができる。新発見の場面に立ち会えるかもしれない。

長崎市恐竜博物館

ながさきしきょうりゅうはくぶつかん

- 長崎県長崎市野母町568-1
- 095-898-8000
- 9:00〜17:00（入館は16:30まで）
- 休 原則月曜、年末年始　ほか　※詳しくはHPを参照
- ¥ 大人500円、小中学生・3歳〜中学生200円、3歳未満無料
- 長崎南環状線「新戸町IC」より約30分
- 長崎駅「長崎駅南口バス停」から「樺島行き」「岬木場行き」に乗車、「恐竜パーク前」下車（約60分）（※時間帯により乗り継ぎあり）
- https://nd-museum.jp

1 常設展示室「恐竜の時代」エリア。世界各地で発掘された化石の復元模型などが展示。壁一面の窓から軍艦島も見ることができる。2 約6mのティラノサウルス科ロボットは、最新の学説に基づき羽毛や鱗も再現。リアルな姿を観察してみよう。

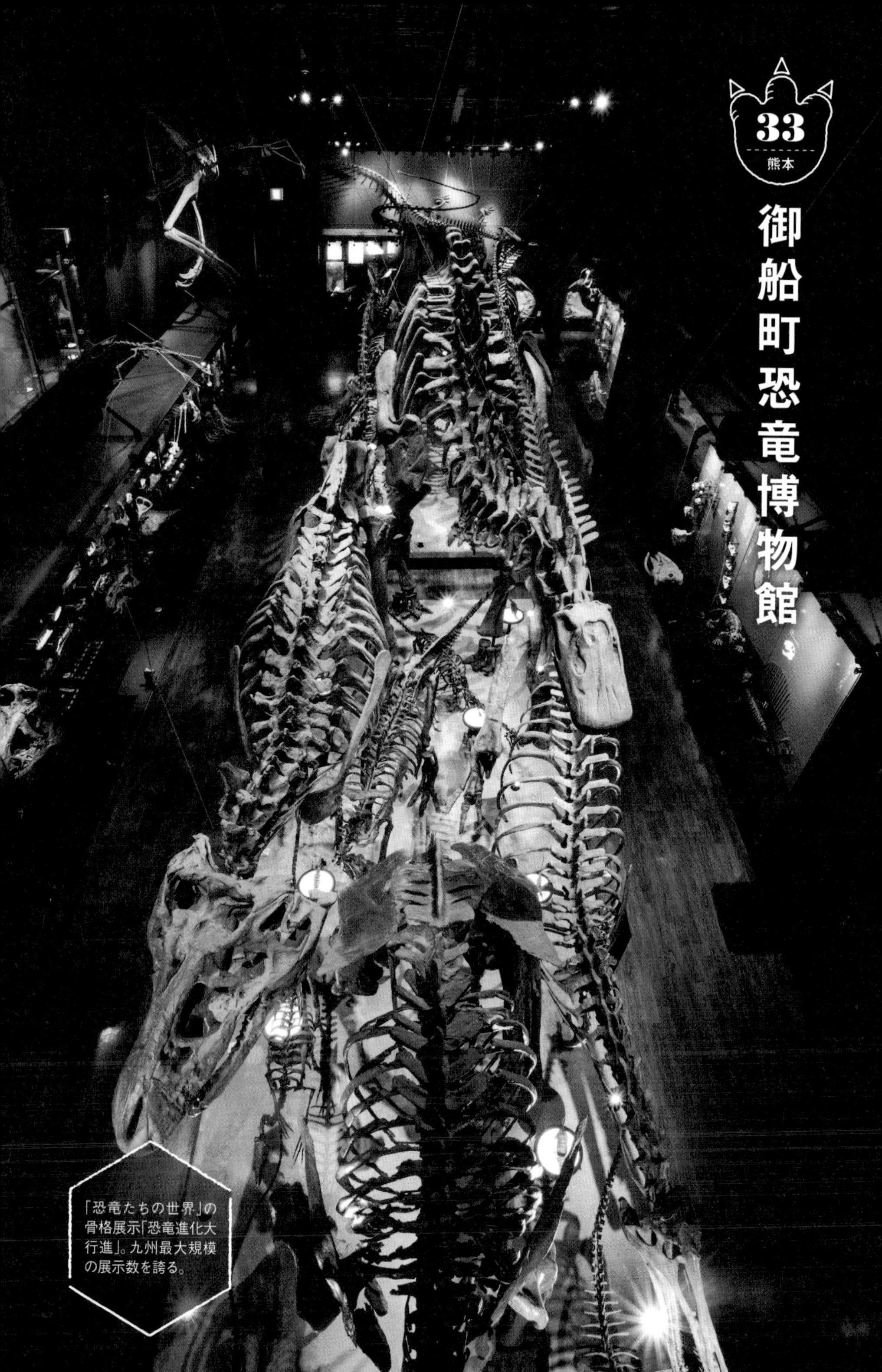

御船町恐竜博物館

「恐竜たちの世界」の骨格展示「恐竜進化大行進」。九州最大規模の展示数を誇る。

躍動感あふれる、化石19体の「恐竜進化大行進」

白亜紀後期の地層として国内で最も多様な恐竜化石を産出する御船層群。御船町では、1979年、日本初の肉食恐竜化石（通称ミフネリュウ）が発見され、1990年以降、さまざまな恐竜化石が発見されている。

「御船町恐竜博物館」では、地域で発見された貴重な化石や世界中から収集された恐竜の全身骨格など、約850点の資料を展示。中でも展示室中央のトリケラトプス、ティラノサウルス、ブロントサウルス、スコミムスなど、化石19体による「恐竜進化大行進」は圧巻だ。

ほかにも、「オープンラボ」では、化石のクリーニングをする標本作製室だけでなく、研究室や収蔵庫まで諸室をすべて公開。専門的な仕事を見学することができ、博物館の活動を体感できる。また、定期的に「化石教室」や「ジオハイク」「わくわく体験教室」などの体験型の学習イベントも開催している。ぜひ参加してみよう。

1「恐竜進化大行進」は正面や横から観察することも可能。近くで見るとより凄みが伝わってくる。2「白亜紀の御船」では、御船層群という地層の特徴や化石を紹介している。白亜紀後期に堆積した厚さ約2000mの地層で、多くの恐竜や貝の化石が発見されている。

御船町恐竜博物館

みふねまちきょうりゅうはくぶつかん

- 熊本県上益城郡御船町大字御船995-6
- 096-282-4051
- 9:00～17:00（入館は16:30まで）
- 休 月曜（祝日の場合は翌日）、年末年始、臨時休館あり
- ¥ 大人500円、高校・大学生300円、小・中学生200円、小学生未満は無料（保護者同伴）
- 九州自動車道「御船IC」より約10分
- 桜町バスターミナルより熊本バス御船方面行き「御船町恐竜博物館前」下車
- https://mifunemuseum.jp

34
宮崎

宮崎県総合博物館

大きなティラノと九州最古の化石群

宮崎県の自然史と歴史の魅力を紹介する「宮崎県総合博物館」。常設展示は自然史・歴史・民俗展示室に分かれ、約8000点の資料を展示している。古生物関連の標本展示では、全身骨格のティラノサウルス、サイカニア、プロトケラトプス、エオラプトル、始祖鳥、プテラノドンなどがある。

ティラノサウルスは博物館の目玉の展示の1つで、アメリカ国立自然史博物館の「ワンケル・レックス」と愛称される化石のレプリカだ。ほかにも、宮崎県から見つかる化石、岩石、鉱物を中心に展示。全国的にも貴重な古生代シルル紀のハチノスサンゴやクサリサンゴなど、九州最古の化石群も展示されている。

1 全長約12mあるティラノサウルスの全身骨格標本。2 宮崎県から見つかる化石・岩石・鉱物について実物展示。3 照葉樹林のジオラマ。温暖な宮崎の森を再現し、動植物の剥製などを展示。

DATA

宮崎県総合博物館

みやざきけんそうごうはくぶつかん

- 宮崎県宮崎市神宮2丁目4番4号
- 0985-24-2071
- 9:00〜17:00（入館は16:30まで）
- 休 火曜、祝日の翌日、年末年始、メンテナンス期間　ほか
- ¥ 無料（特別展は有料）
- 東九州自動車道「宮崎西IC」から約14分
- 宮崎駅から宮崎交通バス「古賀病院」「国富・酒泉の杜」行きにて「博物館前」下車、徒歩3分　ほか
- https://www.miyazaki-archive.jp/museum/

35
鹿児島

鹿児島県立博物館

本館3階の展示室。クビナガリュウの「サツマウツノミヤリュウ」の脛骨化石やイグアノドン類の歯の化石が展示されている。

実物化石からできた珍しいアロサウルスの標本

「鹿児島県立博物館」は、鹿児島の大地と豊かな自然を紹介する自然史系博物館だ。本館3階には、薩摩川内市の甑島から発見されたケラトプス類の歯根化石とプロトケラトプスの全身骨格標本や、長島町獅子島で発見されたクビナガリュウの『サツマウツノミヤリュウ』の脛骨化石やイグアノドン類の歯の化石が展示されている。また本館より北東へ徒歩5分の宝山ホール（県文化センター）の別館4階では恐竜化石などが展示され、日本に3体しかない実物の化石を組み上げた全身骨格模型のアロサウルスとカンプトサウルスの2体を見ることができる。鹿児島県ならではの化石を見に行こう。

鹿児島県立博物館
かごしまけんりつはくぶつかん

- 鹿児島県鹿児島市城山町1−1
- 099-223-6050
- 9:00～17:00（入館は16:30まで）
- 休 月曜（祝日の場合は翌日）、臨時休館あり
- ¥ 無料
- ・「天文館」バス停下車、徒歩約7分
  ・鹿児島市電「天文館通」電停下車、徒歩約7分
- https://www.pref.kagoshima.jp/hakubutsukan/

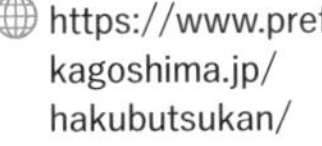

別館化石展示室ではジュラ紀の肉食恐竜アロサウルスと植物食恐竜カンプトサウルスの戦いが再現されている。

知るともっと楽しい！　**恐竜の世界**

Part 1

恐竜はどうやって誕生したの？

恐竜はいつ、どのように誕生したのだろうか。
地球の歴史とともに太古の時代をみていこう。

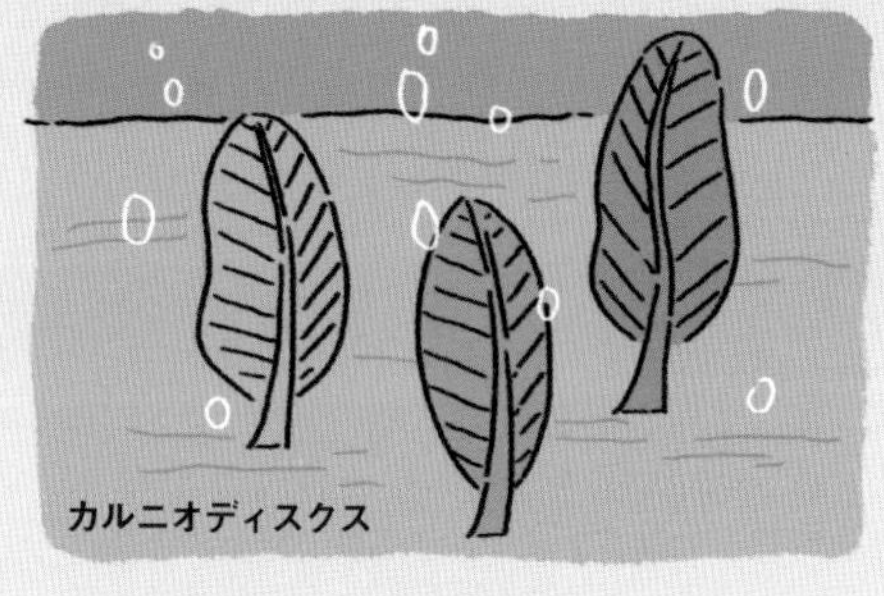

①先カンブリア時代

46億〜5億4100万年前

およそ46億年前、地球が誕生。そして40億年前、海に最初の生物が現れた。最初の生物は、細菌の一種だったと考えられ、そこから長い時間をかけて進化し、6億年前くらいにようやくカルニオディスクスのような大きな生物が登場する。

②古生代前期

カンブリア紀　オルドビス紀　シルル紀

約5億4100万〜4億1900万年前

古生代のカンブリア紀になると、三葉虫のような骨格をもつ生物が誕生。ヒレ・ロ・目の機能が備わり、動物を食べる動物と、食べられないよう硬い殻で防御するものが現れる。弱肉強食の世界がスタートした。

③古生代後期

デボン紀　石炭紀　ペルム紀

約4億1900万〜2億5200万年前

デボン紀になると魚類が繁栄し、体をかたい殻で覆ったものや、大型の甲冑魚などが現れた。さらに魚類が進化すると、足をもつ両生類や、背骨をもった脊椎動物もあわられる。生き物が陸上に進出し始め、石炭紀になると、両生類から進化した爬虫類が登場した。

三畳紀から白亜紀末まで陸上を支配した

およそ46億年前に地球が誕生してから、生き物は進化と絶滅を何度も繰り返してきた。生命が誕生したのは約40億年前で、そこから長い時間をかけてさまざまな生き物が現れる。恐竜が誕生したのは、約2億5200万年前の中生代の三畳紀だ。それから約1億6000万年の間、恐竜は地球を支配し、私たち人間が生きている約600万年と比べてみると、いかに恐竜が長い間生きていたのかがわかるだろう。しかし、恐竜は地球に隕石が衝突したことで絶滅し、白亜紀末に恐竜の時代が終わりを迎える。地球は新しい時代へと突入したのだ。

④中生代前期

三畳紀

約2億5200万～2億1000万年前

古生代が終わりほとんどの生き物が絶滅したが、生き残りのなかでとくに進化がめざましかったのが爬虫類だった。ワニやカメなどの祖先や、胴体から足が下に伸びた原始的な恐竜が現れ、魚竜や翼竜も誕生した。

⑤中生代後期

ジュラ紀　白亜紀

約2億1000万～6600万年前

三畳紀末に大絶滅が起こったが、生き残った恐竜が大繁栄を遂げた。ジュラ紀は温暖な気候で酸素濃度も高かったため、動物は大型化。魚竜や首長竜、翼竜、ワニなどの種類も増加する。恐竜は白亜紀末まで地球の陸上を支配したのだ。

⑥新生代

古第三紀　新第三紀　第四紀

約6600万年前～現代

約6600万年前、地球に巨大な隕石が衝突し、ほとんどの恐竜が食べ物を失って絶滅。生き物の70%の種が姿を消したといわれている。しかし、恐竜が絶滅したことで、哺乳類や鳥類などの動物が一気に種類を増やしていく。地球はこうして新しい時代に突入し、現代に続いている。

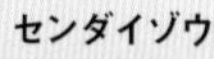

知るともっと楽しい！ **恐竜の世界**

Part 2

どんな恐竜がいたの？

三畳紀に現れた恐竜は、さらにいろいろな種類に進化した。
どんな種がいるのか、下の図を見て特徴を知ろう。

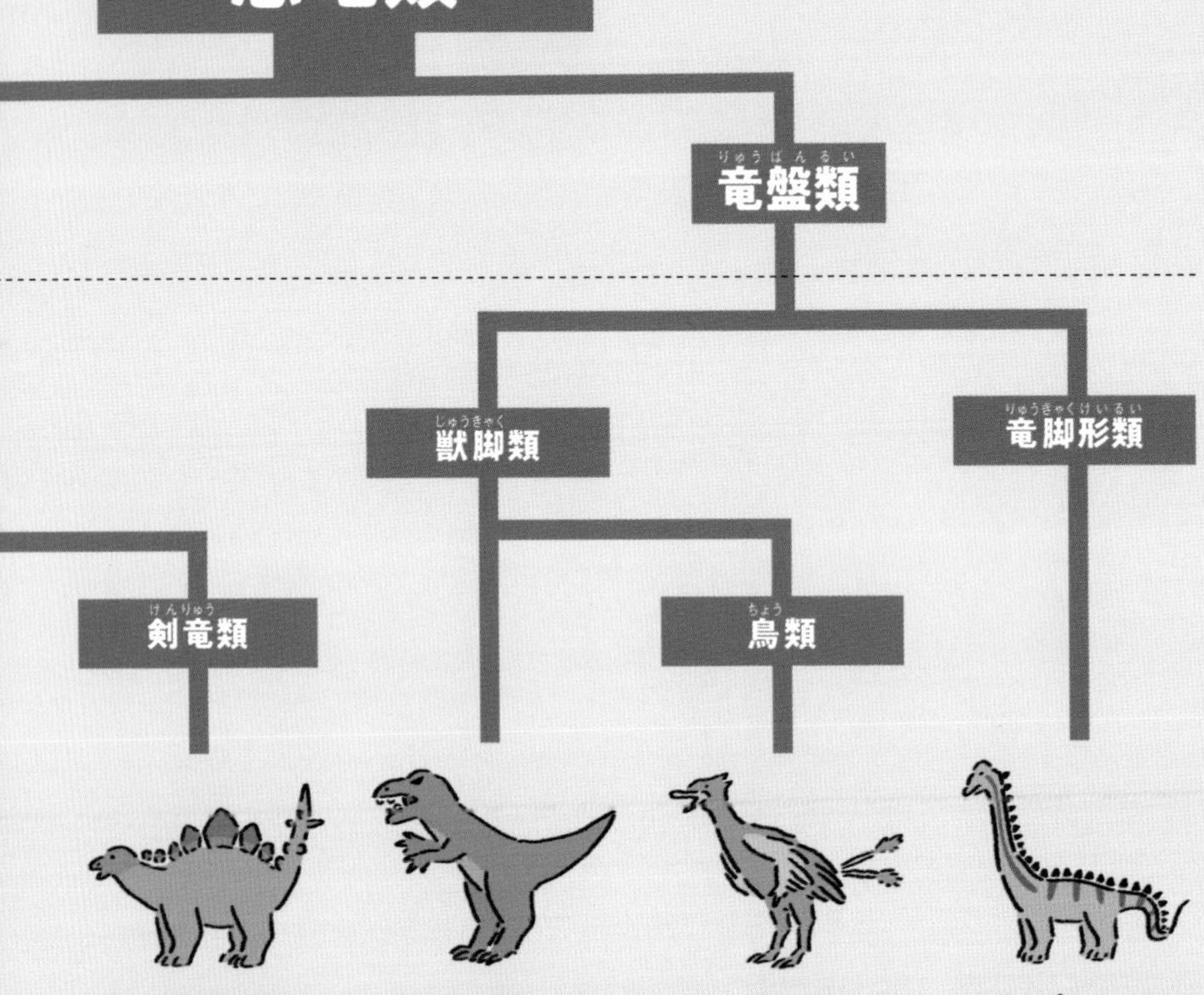

ステゴサウルス

背中に板や棘を持つのが特徴。尾の先に棘がある。

ティラノサウルス

2足歩行で、とがった歯をもつ肉食恐竜が多い。

エナンティオニス

小型の獣脚類から進化した。前足が翼になっている。

ディプロドクス

4足歩行で、首が長くてからだが大きいのが特徴。

「鳥盤類」と「竜盤類」の2つのグループがある

恐竜は同じ先祖から、おもに鳥盤類と竜盤類に大きく分けられる。鳥盤と竜盤とは、骨盤の骨の形を意味し、鳥盤類は鳥類に、竜盤類はトカゲ類に似ていることから名付けられている。鳥盤類は主に植物を食べていた恐竜で、敵から身をまもるためにからだのつくりを変えていき、5つのグループに進化させた。竜盤類は大きなからだを持ち、植物を食べる竜脚形類と、肉食恐竜が多い獣脚類に分かれる。獣脚類の中から鳥へ進化したものも現れ、現在の鳥類は最も進化した竜盤類の恐竜の仲間なのだ。

＋αで知りたい！

翼竜や首長竜は恐竜ではない！

プテラノドンなどの翼竜や、フタバサウルスなどの首長竜は、恐竜ではなく爬虫類に分類される。恐竜は、陸上で2足歩行する爬虫類であり、空を飛ぶ翼竜や、海に生息した首長竜や魚竜、トカゲの仲間とされるモササウルス類は恐竜の仲間ではない。

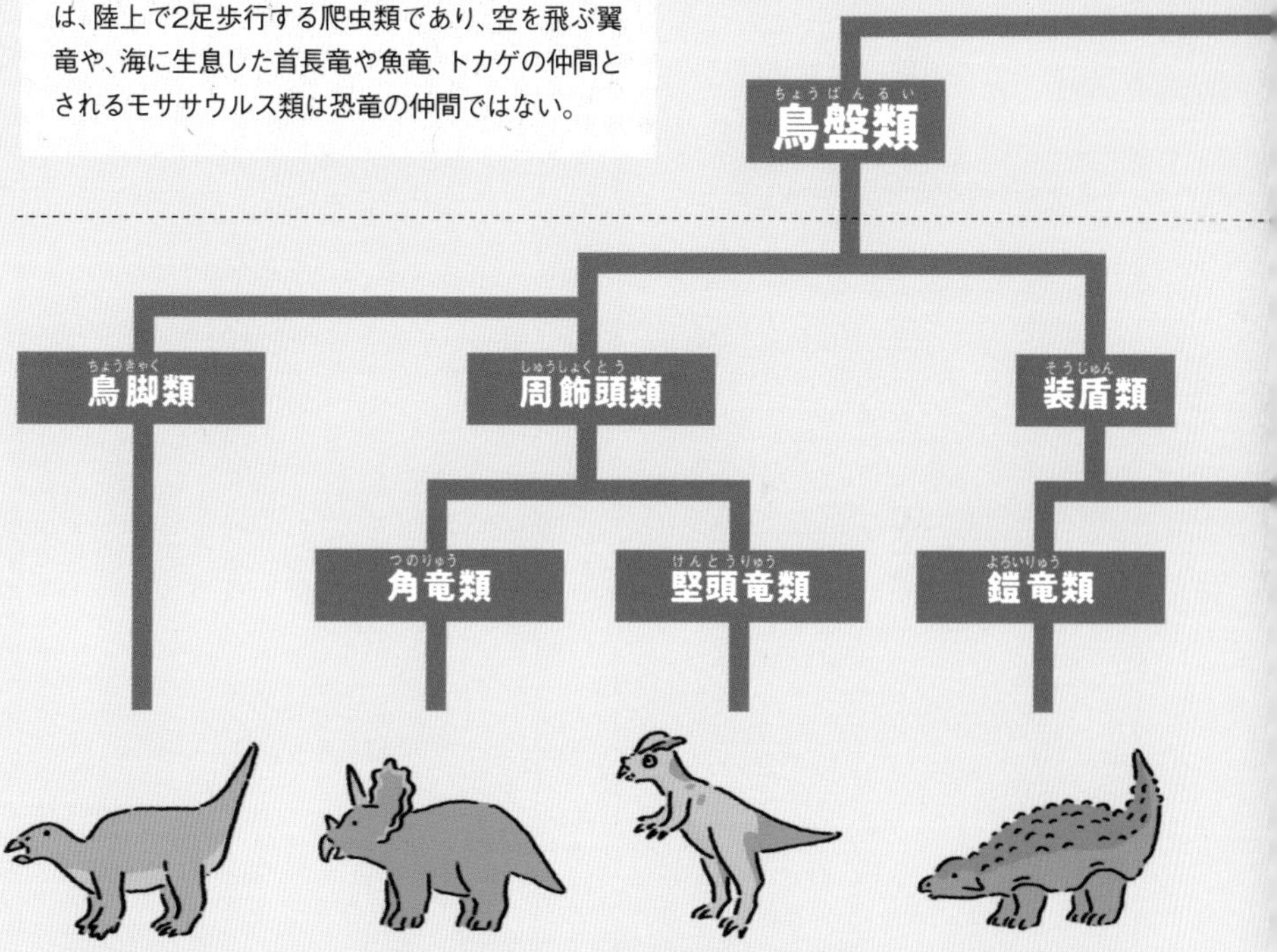

鳥盤類（ちょうばんるい）

鳥脚類（ちょうきゃく）

周飾頭類（しゅうしょくとう）

装盾類（そうじゅん）

角竜類（つのりゅう）

堅頭竜類（けんとうりゅう）

鎧竜類（よろいりゅう）

イグアノドン
平たいくちばしを持ち、歯やあごが発達しているのが特徴。

トリケラトプス
頭に発達した角やフリル（えりかざり）を持つのが特徴。

パキケファロサウルス
頭が固い骨ででき、ドーム状になっている。比較的小型のものが多い。

ノドサウルス
背中や肩がよろいのような骨格で覆われているのが特徴。

知るともっと楽しい！　**恐竜の世界**

Part 3

どうやって化石が見つかるの？

博物館などで見ることができる「化石」。これらはどのような過程を経て、私たちの目の前に現れるのだろうか。

①死んで分解される

恐竜が死ぬと、肉や皮はほかの動物に食べられたり、土に埋もれたりする。時には、川や海などの泥の底にしずむことも。やがて死体は、皮膚や肉、臓器などがバクテリアなどの微生物によって分解され、歯や骨だけが残る。

②化石になる

長い年月をかけて骨の上に積もった泥や土、砂などの層は、重みで硬くなっていき岩になる。やがて骨や歯に岩の成分がしみこみ、化石になっていく。地中の骨には強い圧力がかかるため、化石がつぶれることも。

1万年以上の時間を経て化石と出合う

恐竜が死ぬと、土や泥、海底に埋もれ、肉体はバクテリアなどの微生物によって分解される。そして歯や骨だけが残され、長い年月をかけて骨の上に泥や土が積もり押し固められ、岩の成分がしみこみ化石に変わる。化石ができるまでにかかる時間は少なくとも1万年以上といわれ、地層のなかでつぶれたり、骨以外の組織と一体化したりすることもあり、状態の良い化石が見つかることはとても奇跡的。発見された貴重な化石は、レプリカとして博物館に展示されることが多く、私たちはようやく化石と出合うことができるのだ。

③地層から露出

地震や火山活動などによって地層が大きく動く地殻変動や、川や風などで岩が削られる風化作用によって、地層から一部の化石が地表に露出する。化石を偶然見つけることで、発掘調査が始まるのだ。

④発掘される

地層表面に現れた化石が見つかると、発掘や研究が行われる。重機で地層を大きく掘ったり、ハンマーやタガネなどを使って慎重に掘っていく。化石がどんなふうに埋まっているか考えながら調査を進める。

chapter

02

恐竜を探す

36

37

36 足寄動物化石博物館

37 いわき市アンモナイトセンター

38 東松山市化石と自然の体験館

39 かつやま恐竜の森
どきどき恐竜発掘ランド

40 大野市化石発掘体験センター
HOROSSA!

41 野外恐竜博物館（非公開）

42 戸隠地質化石博物館

43 瑞浪市化石博物館、
野外学習地

44 美祢市歴史民俗資料館・化石館

45 なぎビカリアミュージアム

46 天草市立御所浦白亜紀資料館

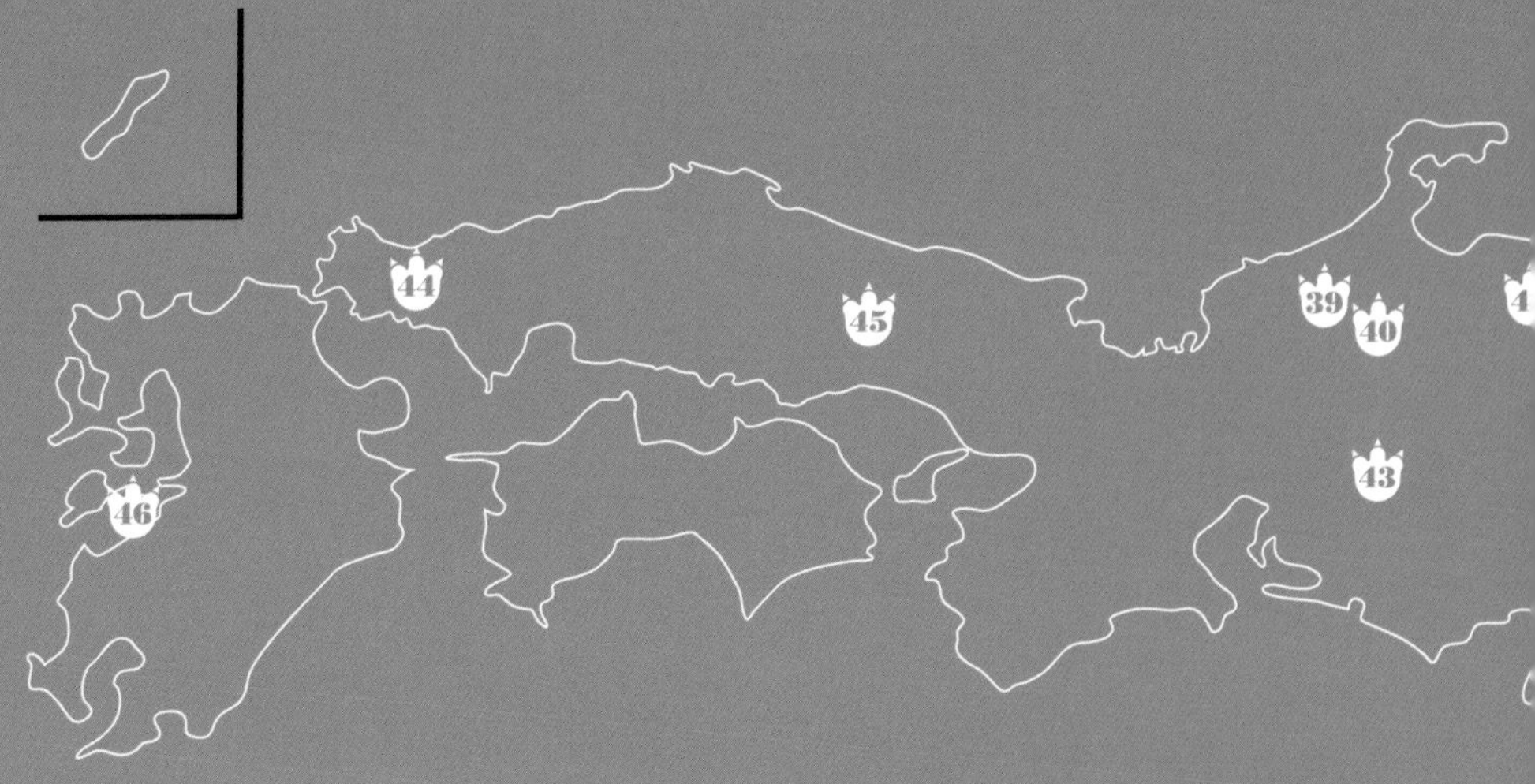

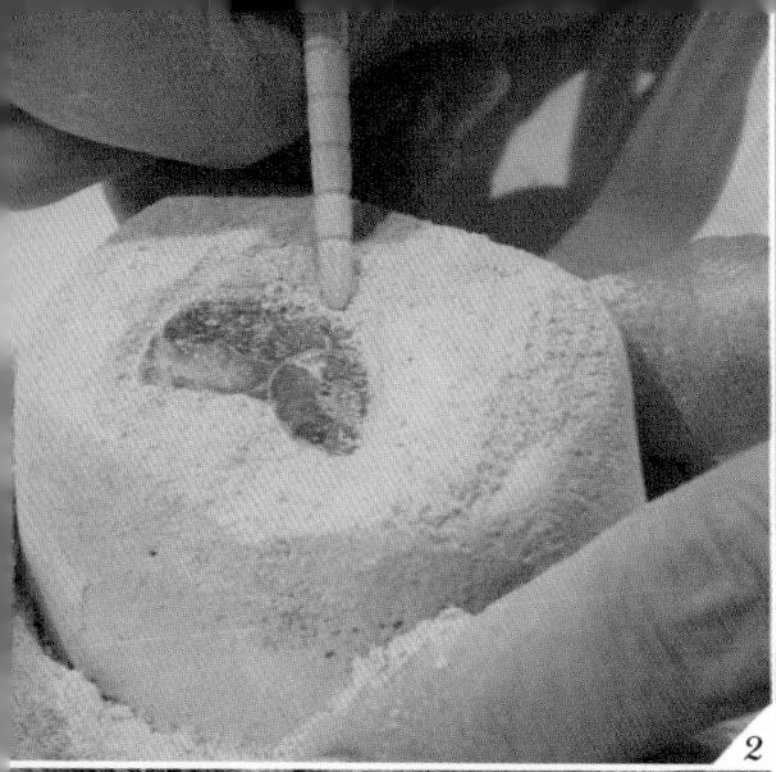

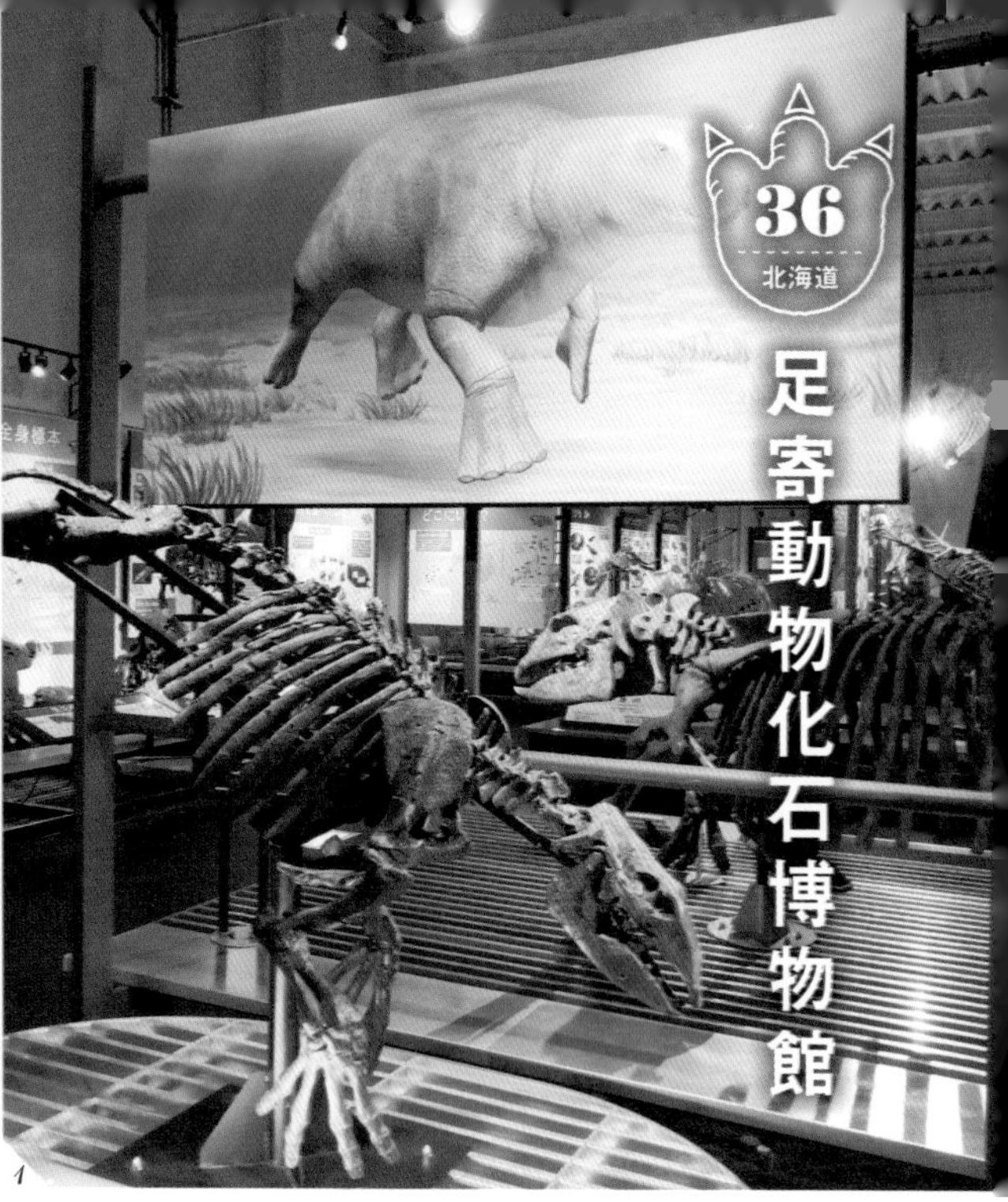

36
北海道

足寄動物化石博物館

1 館内ではアショロア、ベヘモトプスなどの海生哺乳類化石を数多く展示。2「ミニ発掘」の様子。砂の塊を道具で削って化石かクリスタルを掘り出そう。3「あしょろ化石教室」の様子。貝の化石を探す。

「ミニ発掘」の体験学習で化石をゲット！

足寄町で発見された束柱類や原始的なクジラの化石を中心に、さまざまな海の動物の骨格標本を展示する「足寄動物化石博物館」。現生のクジラの骨格も迫力満点だ。展示のほかに発掘体験やイベントを行っており、足寄町の2500万年前にできた地層の観察や、螺湾の古十勝湾の地層にある貝の化石を探す「あしょろ化石教室」を年に数回開催している。大人のひざ丈程度の川を渡る小冒険になるので、楽しい時間を過ごせるだろう。館内では岩石の中から化石や鉱物の結晶を掘り出す「ミニ発掘」の体験学習も実施。掘り出したもの（化石かクリスタル）は記念として持って帰ろう。

DATA

足寄動物化石博物館

あしょろどうぶつかせきはくぶつかん

- 北海道足寄郡足寄町郊南1丁目29-25
- 0156-25-9100
- 9:30～16:30
- 休 火曜（祝日の場合は翌日）、年末年始
  ※GWと夏休み期間は火曜も開館
- ¥ 一般400円、小学生・中学生・高校生満65歳以上200円
- JR根室本線池田駅から十勝バス「陸別」行き乗車（約1時間）、「動物化石博物館」下車、徒歩5分　ほか
- http://www.museum.ashoro.hokkaido.jp/

37 福島

いわき市アンモナイトセンター

■1 体験発掘の様子。例年GWや夏休み、お盆期間中は希望者が多いので参加できない場合がある。■2 館内の大型アンモナイト密集層。■3 いわき市で産出したアナゴードリセラス。

8900万年前のアンモナイトを掘り出す

日本初の化石の産出地に作られた博物館で、約8900万年前の化石が集中して発見された地層そのものを建物で覆い、産出した状態のままアンモナイトの化石を観察することができる。大型アンモナイト密集層は建物外の「屋外体験発掘場」まで続いており、定期的に化石を発掘する体験イベントが開催されている。発掘場は化石密集層のため、アンモナイトや二枚貝、サメの歯、ときおりクビナガリュウ類の化石などが産出。運動靴、長靴など、足首から先を完全に覆える靴での参加となる。ハンマーとタガネはセンターで用意したものを使用。軍手や化石持ち帰り用の袋は持参するようにしよう。

DATA

いわき市アンモナイトセンター

いわきしあんもないとせんたー

福島県いわき市大久町大久字鶴房147-2

0246-82-4561

9:00～17:00（入館は16:30まで）

休 月曜（祝日の場合は翌日）、1月1日

¥ 一般260円、大学・高専・高校生190円、中学・小学生110円

常磐自動車道「いわき四倉IC」から約15分　ほか

http://www.ammonite-center.jp

古いを使った化石発掘体験。ウニの棘など小さな化石を見つけることができる。

38 埼玉

東松山市化石と自然の体験館

メガロドンの化石が見つかる可能性も！

「東松山市化石と自然の体験館」が立地する東松山市葛袋地区では、約1500万年前の地層から海の生き物の化石が多数見つかっている。体験館は、それらの化石を発掘体験できる埼玉県唯一の施設だ。

体験館の屋外・多目的スペースで実際の岩石を割っての発掘やふるいを使って見つける「化石発掘体験」に参加することができる。1回のプログラムは80分で、発掘時間は50分。産出が多いのはウニの棘、オオワニザメの歯、アオザメの歯などだ。

運がよければ地球史上最大で体長が約12mもあったとされるサメ、カルカロドン・メガロドンや、ジュゴンやマナティーの祖先ともいわれる哺乳類、パレオ・パラドキシアが見つかる可能性も。子どもも大人も夢中で発掘作業に取り組むことができるので楽しい時間があっという間に過ぎるだろう。発見した化石は重要なものを除き、持ち帰ることが可能だ。

発掘のほかにも、エントランスには東松山市で産出されたカルカロドン・メガロドンの巨大な歯をはじめ、オオワニザメ、アオザメ、ベネディニなど、数々の化石が展示されている。ここならではの貴重な化石を見てみよう。

1 岩割による化石発掘体験。サメの歯が見つかるかもしれない。2 エントランス常設展示。東松山市で見つかった貴重な化石が展示されている。3 新生代に生息していた哺乳理のパレオ・パラドキシアの臼歯が展示されている。「古代(パレオ)の不思議な動物(パラドキシア)」として名付けられた。4 駅舎をイメージしたという建物の外観。

DATA

東松山市化石と自然の体験館

ひがしまつやましかせきとしぜんのたいけんかん

- 埼玉県東松山市坂東山13番地
- 0493-35-3892
- 9:00～17:00(入館は16:30まで)
  ※化石発掘体験は要予約
- 月曜(祝日の場合は翌日)、年末年始
- 化石発掘体験は、一般1000円、小中学生700円
- 関越自動車道「東松山IC」から約10分
- 東武東上線高坂駅から鳩山町町営路線バス乗車(7分)、「化石と自然の体験館」下車すぐ
- https://www.kasekitaiken.com/

＋αで楽しめる!

オリジナルの発掘ツールを手に入れよう!

体験館にあるミニショップには、発掘体験で使用できる当館オリジナルの軍手や化石を保管するケース型キーホルダーが売られている。体験で見つけた化石をキーホルダーに入れて持ち帰ろう!

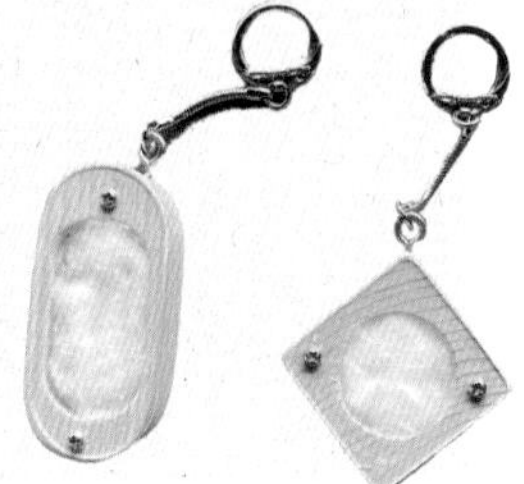

39
福井

かつやま恐竜の森
どきどき恐竜発掘ランド

屋根がついているエリアが発掘場だ。ハンマーと大きな釘を使って石を割って化石を見つける。

'22年登録の貴重な化石は114点も！

福井県立恐竜博物館」からほど近い「かつやま恐竜の森　どきどき恐竜発掘ランド」では、約1億2千万年前の白亜紀前期の岩石をタガネとハンマーを使い、割って化石を発掘することができる。恐竜などの研究対象となる化石は博物館に収蔵され、2022年に登録となった貴重な化石は全部で114点あったという。さすが日本一の恐竜化石発掘数を誇る勝山市だ。発掘できる化石は、貝や植物の化石のほかに、運が良ければ恐竜の化石を探し当てることも。所要時間は60分で、大人も子どもも夢中になって楽しむことができる。

発掘された化石。上から順に、植物、貝、恐竜の歯。

＋αで知りたい！

発掘体験は1日4回まで！

発掘体験の参加には事前予約が必要だ。参加可能なのは４歳以上。発掘体験は1日最大4回までで、タガネとハンマーは貸し出してもらえるが、軍手または手袋は持参しよう。場内には尖った石もあるので、つま先の出ない履物を履くこと。

DATA

かつやま恐竜の森　どきどき恐竜発掘ランド

かつやまきょうりゅうのもり　どきどききょうりゅうはっくつらんど

福井県勝山市村岡町寺尾51-11 かつやま恐竜の森

0779-88-8777

開催期間：3月下旬～11月中旬
9:30～、11:00～、13:30～、15:00～
※開催回数は日により異なるためHPを要確認

休 冬期間、HPを要確認

¥ 4歳～中学生530円、高校生850円、大人1050円

中部縦貫自動車道「永平寺大野道・勝山IC」から約10分　ほか

https://kyoryunomori.net

40
福井

大野市化石発掘体験センター HOROSSA!

施設のシンボルでもあるリアルな恐竜がお出迎え。1度に最大200人の体験ができる巨大な体験場だ。

古生代から中生代の化石まで勢ぞろい

「大野市化石発掘体験センターHOROSSA!」では、大野市内に広く分布する古生代から中世代の地層の岩石を割って化石を探す発掘体験ができる。

岩石をハンマーで叩くと中から出てくるのは、デボン紀のサンゴ、ウミユリ、腕足類、ジュラ紀のアンモナイトや二枚貝など。さらに、ぐねぐね模様の古生物の這い跡などの生痕、白亜紀前期のシダ類や、ソテツ類、広葉球果類、イチョウ類などの葉も多数見つかる。生痕や植物は頻繁に見つかるが、アンモナイトやサンゴなどはレアな化石だという。

所要時間は1時間で、対象は4歳以上、小学3年生以下は保護者の同伴が必要だ。体験は前日までに要予約。夏休み期間中は毎日開館、冬季も運営されているが、12月1日から翌年3月31日までは、10名以上の団体と教育活動で利用する児童・生徒のみとなる。詳しくはHPで確認しよう。

1 ハンマーやゴーグルは施設が貸し出してくれる。なお、施設で採掘する岩石は定期的に入れ替わるので、化石が見つかる頻度は変動する。2「HOROSSA!」の壁にはトリックアートが！　絶好の記念写真スポットになっている。

DATA

大野市化石発掘体験センター HOROSSA!

おおのしかせきはっくつたいけんせんたー　ほろっさ!

- 福井県大野市角野14-3
- 0779-78-2070
- 9:00〜16:30（午前の部・午後の部あり）※要予約　詳しくはHPで
- 休 月曜（祝日の場合は翌日）、年末年始 ※夏休み期間は無休
- ¥ 中学生以下510円、高校生820円、一般1020円、同伴人（軍手・ゴーグルのみ貸出し）310円
- 東海北陸道「白鳥JCT」から25分
- JR九頭竜湖駅から徒歩10分
- https://horossa.jp

41
福井

野外恐竜博物館

化石発掘体験広場の様子。子どもも大人も夢中で発掘を楽しめる。

恐竜博物館発の専用バスで行く発掘ツアー

日本最大の恐竜化石発掘現場に開設された「野外恐竜博物館」。福井県立恐竜博物館から専用バスに乗り、およそ20分かけて発掘エリアへと到着する。観察広場では恐竜化石の発掘現場を間近に見学でき、地層がむき出しになっていて、発掘調査をしている気分を味わえるのが楽しい。化石発掘体験広場では、発掘現場から持ってきた石を割る体験ができ、中から発見した化石について研究員から詳しい解説が聞ける。体験で使用するハンマー、タガネ、ゴーグルは博物館で借りることができるので、道具の用意は不要だ。現在は休館中だが、本館とあわせて２０２３年の7月14日にオープンだ。楽しみに待とう。

DATA

野外恐竜博物館

やがいきょうりゅうはくぶつかん

- 非公開
- 0779-88-0001
- 日程はHPで確認。要予約。
- 休 本館に準ずる（P41参照）
- ¥ 一般1300円、高校・大学生1100円、小・中学生650円、70歳以上650円
- https://www.dinosaur.pref.fukui.jp/visit/fieldstation

42
長野
戸隠地質化石博物館

廃校にできた博物館で化石探し

2008年に現在の形になった「戸隠地質化石博物館」は、廃校を利用したユニークな自然史博物館だ。近くには、海に堆積した地層が露出し、職員の解説つきの観察会が催されているほか、館内では「化石をさがそう」と題されたイベントも開催。約400万年前の海に堆積した砂岩を、釘やハンマーを使って、中から貝類の化石を探してクリーニングする体験ができる。見つかるのは、ホタテガイをはじめ各種の二枚貝類、巻貝、ウニやカニ、フジツボなどの化石。過去にはサメの歯の化石が見つかったこともある。一回の体験は約2時間で、じっくりと発掘を楽しむことができる。

1 化石クリーニングの様子。掘った化石はお土産にできる。2 ナウマンゾウ、ダイカイギュウなど哺乳類化石を展示。3 廃校になった小学校を利用した博物館だ。

戸隠地質化石博物館

とがくしちしつかせきはくぶつかん

- 長野県長野市戸隠栃原3400
- 026−252−2228
- 9:00〜16:30（入館は16:00まで）※展示解説等は要予約
- 休 月曜（祝日の場合は翌日）、祝日の翌日、年末年始
- ¥ 一般200円、高校生100円、小中学生50円、「化石をさがそう」参加費500円（要予約）
- JR長野駅より車で約30分
- アルピコ交通鬼無里線バス停「参宮橋入口」下車、徒歩40分
- http:// www.tgk.janis.or.jp/~togakushi-museum/index.html

43 岐阜

瑞浪市化石博物館、野外学習地

利用時間は約2時間。採集に必要なハンマーやタガネ、軍手、ゴーグルの貸し出しはしていないので持参していこう。

約1800万年前の海の地層が広がる

岐阜県瑞浪（みずなみ）市には、新生代中新世の湖や海でできた地層があり、当時生息していた貝や魚、哺乳類など約1500種類におよぶ化石が産出する。博物館では約3000点の化石を常設展示。また、博物館南方1・5㎞の土岐川河川敷の「野外学習地」には約1800万年前の浅い海に堆積した地層が広がり、主に貝化石の採集を楽しむことができる。ウソシジミ、ホタテガイやツメタガイなど貝化石が見つかりやすく、まれにサメの歯の化石が見つかる場合も。採集体験は当日に博物館の受付で届出を出すと、立入受付証が発行される。悪天候時は利用できない場合があるので注意しよう。

DATA

瑞浪市化石博物館、野外学習地

みずなみしかせきはくぶつかん、やがいがくしゅうち

- 岐阜県瑞浪市明世町山野内1-47
- 0572-68-7710
- 9:00～17:00（入館は16:30まで）
- 休 月曜（祝日の場合は翌日）、年末年始、資料整理休館、臨時休館あり ※野外学習地の利用は9：00～16：00（受付は15：00まで）
- ¥ 一般 200 円、高校生以下無料
- 中央自動車道「瑞浪IC」より 3分
- JR 中央線瑞浪駅より徒歩 30 分
- https://www.city.mizunami.lg.jp/kankou_bunka/1004960/kaseki_museum/index.html

44
山口

美祢市歴史民俗資料館・化石館

1 化石館で展示しているアンモナイトの化石。2 発掘体験で採集された化石。3 体験コーナーの様子。夢中になって発掘できる。

「日本有数の化石の宝庫」の地

美祢層群桃ノ木層と呼ばれる約2億3000万年前の地層が分布する山口県西部の美祢市は、古生代・中生代・新生代の各地質時代の化石が多数発見される「日本有数の化石の宝庫」として知られる。産出した化石は、「美祢市歴史民俗資料館」と「美祢市化石館」に収蔵されて研究が進められ、一般向けにも展示されている。また、化石館では小学生以上を対象に化石発掘の「体験コーナー」が催されており、館の用意した化石入り原石から、ハンマーとタガネなどを使って化石を採集、クリーニング作業も体験できる。二枚貝や腕足類などの化石が見つかる。発掘した化石は持ち帰り可能だ。

DATA

美祢市歴史民俗資料館・化石館

みねしれきしみんぞくしりょうかん・かせきかん

- 山口県美祢市大嶺町東分315-12
- 0837-52-5474
- 9:00～16:30
- 休 月曜（祝日の場合は翌日も）、祝日、年末年始
- ¥ 一般100円、小中学生50円
- 中国自動車道「美祢IC」より約10分
- JR美祢線美祢駅下車、徒歩5分
- https://www.c-able.ne.jp/~naganobo/mmhfmfm/31taiken.html

45
岡山

なぎビカリアミュージアム

施設内の奥にある「化石壁保存展示」。化石が多数出てきている地層を実際に見ることができる。

かつて海だった土地に眠る貝の化石

約1600万年前、岡山県奈義町周辺は海であり、新生代の始新世から中新世にかけて生息していた巻貝のビカリアや、さまざまな動植物の化石が多数見つかっている。博物館の常設展示では、当時を再現した生態系ジオラマや、自然のままの化石露地などが展示されている。また、化石の発掘体験を誰でも楽しむことができ、貸し出されたハンマーで岩石を叩いて化石を見つける。主に採掘できるのはビカリアの他に、「カケハタアカガイ」などの貝や、カニの爪や植物の化石など。子どもも大人も夢中になって楽しめる発掘体験だ。

1 館内の室内展示ホール。多数の化石が展示されている。2 生態系ジオラマ展示では、約1600万年前の奈義町がまだ海だった頃の様子がわかる。

DATA

なぎビカリアミュージアム

なびびかりあみゅーじあむ

- 岡山県勝田郡奈義町柿1875
- 0868-36-3977
- 9:00～17:00（入館は16:30まで）
- 休 月曜（祝日の場合は翌日）、祝日の翌日、年末年始
- ¥ 一般（高校生以上）300円、中学生・小学生150円、小学生未満無料、発掘体験300円
- 中国自動車道「美作IC」から20分
- https://www.town.nagi.okayama.jp/bikaria/index.html

発掘されたビカリアの化石。発掘体験では、一度の採掘で10個ほどの化石を発掘できるが、持ち帰れるのは1種類につき1個まで。

46
熊本

天草市立御所浦白亜紀資料館

化石採集体験の様子。採集は気候が穏やかな春から初夏、秋がベストな季節だ。

海に浮かぶ「恐竜の島」で化石探し

「恐竜の島」として知られる熊本県天草市の御所浦島。島の港近くにある資料館が「天草市立御所浦白亜紀資料館」だ。ここでは天草地域で産出された恐竜や貝類、アンモナイトなどの化石を展示。また、御所浦の島全体をまるごと博物館に見立てて、島内各地に野外見学地があり、化石採集体験場では、資料館のプログラムの1つとして化石採集を楽しむことができる。資料館から化石採集場までは、徒歩およそ5分。資料館でハンマーやゴーグルは借りることができる。一度の採掘でたくさんの化石を見つけることができ、トリゴニアの仲間など浅い海にいた貝が多く、ときおりアンモナイト、まれにサメの歯なども。どんどん化石を見つけることができるため、疲れるまで夢中になって発掘を楽しめるだろう。ただし、夏場はとても暑いので、熱中症対策は必須だ。ほかにも海上タクシーをチャーターし、御所浦ジオツーリズムガイドの同伴で行く化石採集クルージングも行っている。見つけた化石をガイドの人が教えてくれるので、より楽しく発掘を楽しむことができる。採石場のほかにも、島の各地で恐竜化石発見地があり、それを見て周ることも可能だ。島全体で恐竜めぐりをしてみよう。

1 化石採集場クルージングの様子。ガイドさんからいろいろな話をききながら、御所浦の海を満喫できる。2 岩石をハンマーで叩くとこのように化石が出てくる。貴重な化石が見つかるかも。3 トリゴニア砂岩化石採集場。ここで発掘を楽しむことができる。ここにある岩石は採石場跡地から運搬してきたもので、多くの化石を含んでいる。

DATA

天草市立
御所浦白亜紀資料館

あまくさしりつごしょうらはくあきしりょうかん

- 熊本県天草市御所浦町御所浦4310-5
- 0969-67-2325
- 8:30～17:00（入館は16:30まで）
- 休 年末年始
- ¥ 無料
- 九州自動車道「松橋IC」から棚底港（約1時間半）下車、カーフェリー・定期船・海上タクシーより「御所浦港」着（約45分）ほか
  ※詳細はHPを参照
- http://gcmuseum.ec-net.jp/

＋αで楽しめる！

2024年の春に 全面リニューアルオープン！

資料館は現在建て替え工事中で、令和6年の春に「天草市立御所浦恐竜の島博物館」として再オープンする予定だ。それまでは近くに移転し、規模を縮小して展示している。化石採集体験の受付も行っている。

世界の恐竜発掘めぐり

日本以外にも、世界には多くの恐竜の化石が見つかっている。ここでは、恐竜の化石の産地として有名な世界各国の地層を紹介しよう。

1 イスチグアラスト層（アルゼンチン）

恐竜が誕生した三畳紀の地層があり、エオラプトルやヘルレラサウルス、ピサノサウルスなどの恐竜の化石が発見された。この場所は雨季に強い雨が降り、太い河が流れ、植物が豊かな土地だったと考えられている。

3

2

1

2 モリソン層（アメリカ）

約1億5500万年～1億4800万前のジュラ紀の地層があり、アロサウルスやステゴサウルス、ブラキオサウルスなどのジュラ紀を代表する恐竜たちの化石が多く産出されている。

4 ゾルンホーフェン石灰岩層（ドイツ）

ジュラ紀後期に堆積した石灰岩の地層が広がり、最古の鳥類として知られる始祖鳥をはじめ、アンモナイト、カブトガニ、魚類など約600種を超える多くの動植物の化石が発見されている。

3 ヘルクリーク層（アメリカ）

約6600万年前の白亜紀後期の地層が広がり、ティラノサウルスやトリケラトプスなどの有名な恐竜たちの化石が多く産出されている。亜熱帯気候だったため、多くの動植物の化石が見つかり、世界で最も有名な化石エリアの1つだ。

6 ネメグト層（モンゴル）

ゴビ砂漠に分布する白亜紀後期の地層で、ティラノサウルス類などの獣脚類やアンキロサウルス類などの草食恐竜、魚類やワニなど多様な化石が発見されている。現在は砂漠だが、当時は食物がたくさんある自然豊かな場所だったと考えられている。

5 熱河層群（中国）

遼寧省西部に広がる白亜紀前期の地層が広がり、近年注目された羽毛恐竜シノサウロプテリクスの化石が発見された地として有名だ。きめ細かい灰岩による堆積物が多く、羽毛やうろこ、昆虫の翅など、細部まできれいな状態で保存されているのが特徴。

chapter 03

恐竜と遊ぶ

58
57
56
55
54

公園

55 北沼公園

56 水戸市森林公園

57 八坂公園

58 小室山公園

59 長野市茶臼山恐竜園

60 男女山公園

61 潮風の丘とまり

62 メタセコイアの森・太古の森

テーマパーク

47 かつやまディノパーク

48 ディノアドベンチャー名古屋

49 ユニバーサル・スタジオ・ジャパン

50 淡路ワールドパーク ONOKORO

51 白浜エネルギーランド

52 みろくの里

53 ハウステンボス
（ジュラシックアイランド）

54 DINO恐竜PARK やんばる亜熱帯の森

テーマパーク

47
福井

かつやまディノパーク

8つのゾーンを歩いて回りながら、たくさんの恐竜たちに遭遇！　広場には恐竜のいろいろな乗り物がある。

実物大の巨大恐竜たちに会える森

全 長13mのティラノサウルスなど、ジュラ紀から白亜紀に生息した実物大の恐竜が50頭勢ぞろい。8つに分かれたゾーンを歩いていくと、プテラノドンが大空を舞う羽音やティラノサウルスの雄叫び、マメンチサウルスが大地を歩き回る足音などが聞こえてくる。首や手、しっぽが動いたりと恐竜がリアルに再現されていて、間近で見ると迫力満点。まるで恐竜のすみかに迷い込んだような興奮と感動が味わえる。恐竜が棲む森を抜けると、恐竜の乗りものが楽しめるガオガオひろばが登場。保護者同伴なら2歳以下の子どもが乗れる遊具もある。

1 コースの全長は460mで、約20分でまわれる。小さな子どもにも大人気だ。パークに入るときには、各ゾーンで見られる主な恐竜や特徴が書いてある地図がもらえる。お気に入りの恐竜が見つかれば、地図を頼りにもう一度戻ってみて。2 ゲートから早速恐竜たちがお出迎え。恐竜の世界を冒険しよう。

DATA

かつやまディノパーク

かつやまでぃのぱーく

- 福井県勝山市村岡町寺尾51-11
- 0779-88-8777
- 9:00～17:00(入場は16:30まで)
- 休 第2・第4水曜、冬期間(11月下旬から3月末頃まで)※夏休み期間は無休
- ¥ 入場券:3歳～小学生800円、中学生以上1000円
  巨大昆虫冒険ツアー入場 セット券:3歳～小学生1400円、中学生以上1600円
  ※「ガオガオひろば」別途料金
- 中部縦貫自動車道「勝山IC」から約10分
- えちぜん鉄道勝山駅から恐竜博物館直通バスにて約10分
- https://www.dinopark.jp/

※2023年7月14日からリニューアルオープン。

「ガオガオひろば」のガオガオボート(上)とガオガオライド(下)。大きなプールでボートに乗ったり、恐竜の背中に乗ったり、遊び場がたくさんある。(※「ガオガオひろば」は、土日祝開催、夏休みは無休)。

テーマパーク

48 愛知

ディノアドベンチャー名古屋

山林にいるティラノサウルス。今にも動き出しそうなリアルさで、迫力満点だ！

リアルに動く恐竜たちが目の前に！

「ディノアドベンチャー名古屋」は、交通公園やベビーゴルフ場などたくさんの遊び場がある大高緑地内にある恐竜公園広場だ。全長９００ｍのコースを徒歩で探検する体験型のアトラクションで、ステゴサウルスやトリケラトプス、ティラノサウルスなど人気の恐竜をはじめ、20種類の実物大の恐竜が待っている。

近づくと人感センサーが感知し、恐竜たちが首を振ったり、前後に歩いたりとリアルな動きが見られる。特に、ティラノサウルスとトリケラトプスの存在感は強烈だ。動きに合わせて鳴き声も聞こえてきて、まるで恐竜時代にタイムスリップしたような臨場感が味わえるので、恐竜好きにはたまらないだろう。恐竜のそばにはプロフィールがわかる看板があり、何を食べていたのかなど詳しく知ることもできる。

コースを1周するのにかかる時間は約30分程度。大自然の中にある広場だが、道が舗装されているのでベビーカーに乗った子ども連れでも安心だ。ただし、一部急な坂もあるので歩きやすい靴で出かけるといいだろう。

また、大高緑地にある恐竜広場には、大型複合遊具と2体の恐竜すべり台があり、何度訪れても飽きないはずだ。

1 2 パーク内にはトリケラトプスやプテラノドンなどの恐竜たちがいっぱい。何体の恐竜を見つけられるかな？ 3 公園の入口。大きな看板があり、これから冒険がはじまるようだ。 4 恐竜公園にいる2体の恐竜のすべり台。大きくてものすごい存在感だ。

DATA

ディノアドベンチャー名古屋

でぃのあどべんちゃーなごや

- 愛知県名古屋市緑区大高町文根山1-1
- 052-693-8798
- 【平日】10:00〜17:00（入館は16:00まで）
【土日祝】9:00〜17:00（入館は16:00まで）
【夏季】9:00〜17:30（入館は16:30まで）
- 休 月曜（祝日の場合は翌日）、年末年始
- ¥ 大人800円、中学生以下600円
- 名古屋高速3号大高線〜笠寺出口から約15分
- 名鉄名古屋本線左京山駅から徒歩約15分
- https://www.dinoadventure.jp

＋αで楽しめる！

探検が終わったら ご褒美のおみやげコーナー

ゴール地点にはセンターハウスがあり、恐竜グッズが勢ぞろい！　ここでしか買えないお菓子の限定商品や恐竜フィギュアなどがたくさん販売されている。冒険を終えたご褒美に買ってみては。

人気のウォーターライド『ジュラシック・パーク・ザ・ライド』。恐竜の世界を大型のボートで探検する。

テーマパーク

49

大阪

ユニバーサル・スタジオ・ジャパン

『ジュラシック・ワールド』の物語の中へ突入！

恐竜に出合えるスポットとして忘れてはいけないのが、「ユニバーサル・スタジオ・ジャパン」だ。「ジュラシック・パーク」エリアでは、映画『ジュラシック・ワールド』にちなんだ2つのアトラクションが楽しめる。古の恐竜に出合う探検で、荒れ狂うTレックスから逃れる「ジュラシック・パーク・ザ・ライド」は、人気のウォーターライドのアトラクションだ。高さ約26mから急角度で落ちるスプラッシュダウンと巨大なティラノサウルスが襲ってくるシーンはスリル満点。なお、確実に濡れるので、気になる人はポンチョを用意しておこう。も

＼＋αで楽しめる！／

グッズやお菓子は「ジュラシック・アウトフィッターズ」へ

「ジュラシック・パーク」内にある「ジュラシック・アウトフィッターズ」には、恐竜にちなんだグッズやお菓子がたくさんある。なかでも恐竜のぬいぐるみハットは特に人気で、これをかぶってパーク内を歩いてみよう。お土産にターキーレッグの香りが漂うジュラニクヌードルやかわいいキーチェーンもおすすめ。

※商品のデザインや販売店舗など予告なく変更する場合があります。品切れの際はご容赦ください。また価格はパークでご確認ください。

1「ジュラシック・パーク・ザ・ライド」の入口。ツアー中はパラサウロロフスなどたくさんの恐竜たちと遭遇。水しぶきがかかるエリアがあったり、ボートが落下したりするので、ずぶ濡れは覚悟しておこう。2「ザ・フライング・ダイナソー」。プテラノドンと一緒に空を飛びまわりスリルを全身で体感できる。気分爽快になるコースターだ。

う一つのアトラクションは、暴走する恐竜プテラノドンに背中を掴まれ、全身剥き出して空を飛ぶ「ザ・フライング・ダイナソー」だ。こちらもスリル満点で、360度ふり回されながら、「ジュラシック・パーク」の世界の空を猛スピードで飛びまわる。どちらのアトラクションも写真を撮ってもらえるので、記念に購入しよう。

DATA

ユニバーサル・スタジオ・ジャパン

ゆにばーさる・すたじお・じゃぱん

- 大阪府大阪市此花区桜島2丁目1−33
- 0570-20-0606
- 日により異なる（要問合せ）
- 無休
- 1デイ・スタジオ・パス：大人8600円〜、子ども（4〜11歳）5600円〜、シニア（65歳以上）7700円〜
- JRゆめ咲線ユニバーサルシティ駅から徒歩3分
- https://www.usj.co.jp/

テーマパーク

50
兵庫

淡路ワールドパーク ONOKORO

淡路島に生息していたヤマトサウルス・イザナギイの実物大が遊園地の中にいる。ここでしか見られない恐竜だ。

愉快な恐竜たちと写真撮影をしよう!

淡路島最大の遊園地の中には、実は恐竜がたくさんいて、パークに入ってすぐのところには、撮影スポットとしても人気の恐竜ワールドが。ここでは、動きながら吠えるティラノサウルスや、トリケラトプス、首長竜などに出合える。注目は、淡路島に生息していたとされる新種恐竜のヤマトサウルス・イザナギイだ。平らなくちばしが特徴のハドロサウルス科の仲間で、日本神話に登場する倭（ヤマト）と伊弉諾（イザナギ）にちなんで命名された。ヤマトサウルス・イザナギイが実物大で再現されているのはここだけなので、ぜひ見ておきたい。

1 入口すぐの恐竜撮影スポット。いろんな恐竜たちがお出迎えしてくれる。2 園内にあるベンチ。ユニークな恐竜が座っている。後ろにあるのが、大きな口を開けた恐竜と恐竜のたまごのオブジェ。中に入って記念撮影も可能。

DATA

淡路ワールドパーク ONOKORO

あわじわーるどぱーく おのころ

兵庫県淡路市塩田新島8-5

0799-62-1192

【平日】10:00～17:00
【土日祝】9:30～17:00（入館は16:00まで）

不定休

大人（中学生以上）1400円、こども（3歳～小学生）700円

阪神高速神戸線「津名一宮IC」より約15分

https://www.onokoro.jp/

体験型アトラクションやミニチュアの世界をゴンドラでクルーズするライド系アトラクションなど1日中遊べるスポットがたくさんある。

テーマパーク

51

和歌山

白浜エネルギーランド

平衡感覚を失った不思議な体験ができる「ミステリーハウス」。

迫力の映像でT-Rexがいた時代へ！

白浜エネルギーランドは、身近なエネルギーについて学べる体験型のテーマパークだ。館内は驚き映像エリア、不思議な森エリア、体感迷宮エリアの3つに分かれ、年齢を問わずさまざまなアトラクションが楽しめる。

恐竜に会えるのは、物語の世界を冒険できる驚き映像エリアの「ジュラシックツアー〜絶滅の日に還れ〜」。ウォークスルー&体験シアター型のアトラクションだ。

まず最初に約25分の映像アトラクションが始まり、ETF研究所が発見したタイムマシンで恐竜が生きていた白亜紀へタイムトラベルする「ジュラシックツアー」がスタート。スリル満点の映像やツアー客とT-Rexの運命にハラハラドキドキすること間違いなしのストーリーで、恐竜好きの子どもはもちろん、大人も満足できる内容になっている。また、同じく驚き映像エリアにあるSUPER 3D 360エネゴンシアターでも恐竜に出合えるので、併せて楽しみたい。

マスコットキャラクター「エネゴン」。ティラノサウルスの男の子だ。

1 「ジュラシックツアー」の入口。ワクワクどきどきしながら入場だ。2 大人気なウォークスルー＆体感シアター型の「ジュラシックツアー」。スリル満点のアトラクションだ。3 白良浜が一望できる展望レストラン。青い海と白い砂浜が絶景だ。4 お土産コーナーも充実。たくさんの恐竜グッズがある。

DATA

白浜エネルギーランド

しらはまえねるぎーらんど

- 和歌山県西牟婁郡白浜町3083
- 0739-43-2666
- 10:00〜16:30 ※季節により変動あり
- 休 火曜 ※季節により変動あり
- ¥ 大人（高校生以上）2000円、シニア（60歳以上）1800円、小中学生1400円、幼児（3歳以上）600円
- 紀勢自動車道「南紀白浜IC」より約10分
- https://www.energyland.jp/

＋αで楽しめる！

思いっきり遊んだら お昼ごはんを食べよう！

展望レストランの一押しは「火山カレー」。火山のように火を吹くほど辛いカレーだ。恐竜ナゲットも乗っていて見た目もかわいい！

52
広島

テーマパーク

みろくの里

ダイナソーパークのゲートからワクワクが止まらない。森には実物大の吠えて動く恐竜たちがいるぞ。

実物大の42体もの恐竜が棲む森を探検

みろくの里は、広大な丘陵地に個性豊かなアトラクションを備えた総合レジャー施設だ。その中の一つに、実物大の恐竜たちがいる「ダイナソーパーク」エリアがあり、恐竜好きな人におすすめのスポットだ。パーク内の天然林が広がる森の中には、ティラノサウルスやトリケラトプスなど、42体もの恐竜たちが潜み、恐竜が動いていたり、恐竜の鳴き声が聞こえたり、まるで太古の恐竜時代に迷い込んだような感覚に。2017年春のオープン以来、みろくの里で大人気のウォークスルー型の冒険アトラクションだ。

+αで楽しめる！

見るだけでも面白い 恐竜グッズ専門店 D-Store

施設内のD-Store(ディーストア)の天井には大きなティラノサウルスの骨格オブジェが！ ここでダイナソーパークオリジナルグッズを買おう。

1

2

1 窓から顔を覗かせるティラノサウルス。今にも襲いかかってきそうだ。2 ダイナソーフォッシルでは、石や砂などに紛れる本物の化石を見つけ出す発掘体験(1回500円)ができる。見つけた化石は持ち帰り可能なので、思い出に体験してみては。

DATA

みろくの里

みろくのさと

- 広島県福山市藤江町638-1
- 084-988-0001
- 10:00～17:00　※季節によって変動あり
- 休 火曜、水曜　※季節によって変動あり
- ¥ 大人1000～1500円、こども(3歳～小学生まで)700～1200円 ※季節によって変動あり
- 山陽自動車道「福山西IC」より約20分
- 福山駅よりみろくの里線(直行)で約30分
- https://mirokunosato.com/

ハウステンボスで今人気のアトラクション「ジュラシックアイランド」。銃を手に恐竜を撃ちまくるシューティングゲームだ。

リアルな無人島で肉食恐竜を撃退しよう

ハウステンボスから探検船「モササウルス号」で上陸する無人島。この島全体が「ジュラシック・アイランド」というアトラクションになっていて、日本初の無人島を舞台にした最新ウォークスルー型ARシューティングアトラクションだ。無人島はARエリアと散策エリアに分かれていて、まずはARエリアでシューティングゲームを楽しむことができる。特殊な銃、「ディノシューター」を手に本物の無人島を探索。銃に装着されたARスコープをのぞくと恐竜たちがうごめく世界が広がっていて、襲いかかってくる肉食恐竜を撃退していく。子どもや女性用に軽いディノシューターミニも用意されているので安心だ。恐竜を倒しながら進んでいくと、財宝のヒントが出現し3つ集めるとミッションが出現。クリアすれば財宝が獲得できる。ゲームを楽しんだあとは、船の乗船時間まで散策エリアへ。吠えるティラノサウルスや動くアンキロサウルスなどあちこちにいる恐竜を探してみよう。時間があれば化石発掘エリアで化石を探してみてもいいだろう。

自然環境をそのまま利用した施設なので、参加できるのは小学生以上。長ズボンやスニーカー、リュックなど動きやすい服装で訪れることをおすすめする。

1 銃を持って山道に入るため、動きやすい服装で。夏場は虫除けスプレーが必須だ。2 恐竜を発見！専用の武器のトリガーをひくと、AR スコープに現れる恐竜を撃つことができる。3 襲ってくるのは肉食恐竜のみ。草食恐竜は襲わないのでそっとしておこう。

DATA

ハウステンボス（ジュラシックアイランド）

はうすてんぼす（じゅらしっくあいらんど）

長崎県佐世保市ハウステンボス町1－1

0570-064-110

10:00～20:00

休 不定休　※詳細は公式HPを要確認

¥ 1DAYパスポート 大人7000円、中人6000円、小人4600円、未就学児3500円、シニア5000円

JRハウステンボス駅から徒歩7分

https://www.huistenbosch.co.jp/event/jurassic-island/

ハウステンボスのハーバータウンから船に乗り、約6km 離れた無人島へ向かう。船はモササウルスをイメージしており、大きく口を開けたようなデザインが印象的だ。

テーマパーク
54
沖縄
DINO恐竜PARK
やんばる亜熱帯の森
自然を感じながら、恐竜時代にタイムスリップ。本物の原生林にひそむ恐竜たちはリアルで大迫力だ。
DINO恐竜PARK

原生林の森に潜む80体以上の恐竜たち！

「DINO恐竜PARK」は、沖縄の名物菓子・元祖紅いもタルトでおなじみの「御菓子御殿」が運営する観光施設だ。約1億年前に生息していたとされるヒカゲヘゴの原生林の森の中には、なんと80体以上の恐竜が。ティラノサウルスやステゴサウルス、ブラキオサウルスなど、原生林の中で動く恐竜たちはまるで太古の世界にタイムスリップしたかのよう。また、パーク内には珍しい植物がたくさんあり、色とりどりの花を楽しめるのも魅力の一つ。1周の所要時間は30分～40分ほど。子どもも大人も大興奮できるテーマパークだ。

1 恐竜の遊具もあり、恐竜の背中に乗る乗り物が大人気。パークの散策を終えたら遊んでみよう。2 パーク内には思い出に写真を撮りたくなるような撮影スポットもたくさん。

亜熱帯の森が広がるテーマパークの景観。季節によって咲く花も楽しめる。写真はブーゲンビレア（左）とコートダジュール（右）。

DATA

DINO 恐竜 PARK やんばる亜熱帯の森

でぃのきょうりゅうぱーく　やんばるあねったいのもり

- 沖縄県名護市中山1024-1
- 0980-54-8515
- 9:00～18:00（入園は17:30まで）
- 休 無休
- ¥ 大人（16歳以上）1000円、小人（4歳～15歳）600円
- 沖縄道「許田IC」から20分
- https://www.okashigoten.co.jp/subtropical/

北沼公園

1 2 公園にいるティラノサウルスとトリケラトプス。3 小規模ながらも大型遊具、交通公園、水遊び場など遊びどころが多い公園だ。

宇宙と恐竜に好奇心をくすぐられる

北沼公園は、宇宙と恐竜がテーマの交通公園だ。コンパクトな園内に、子どもたちが喜ぶ遊び場がギュッっと詰まっている。ここで会える恐竜はティラノサウルスとトリケラトプスの2体で、公園の中心から少し離れたアスレチックやすべり台の後方にある。大人も見上げるほど大きく、ずっしりとしたフォルムで迫力があり、子どもたちに大人気なスポットだ。ティラノサウルスにはロープの網が固定され、思わず登ってみたくなるが、アスレチックではなくモニュメントのため、登るのは禁止だ。恐竜を触ったり、下をくぐったりして、楽しもう。記念撮影をするなどして楽しむのもいいだろう。

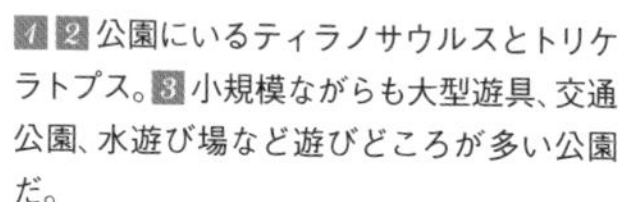

北沼公園

きたぬまこうえん

- 東京都葛飾区奥戸8-17-1
- 03-3694-4318
- 常時開園（交通遊具・ムーンウォーカーは区HPを参照）
- 休 年末年始
- ¥ 無料
- 京成タウンバス 新小岩駅〜亀有駅（新小58）「スポーツセンター」から徒歩5分
- https://www.city.katsushika.lg.jp/institution/1000096/1006893.html

公園

56

茨城

水戸市森林公園

森林公園には実物大模型の14体の恐竜が。子どもたちに大人気な遊び場だ。

自然豊かな山里に広がる公園で恐竜探し

豊かな里山の自然に恵まれた水戸市森林公園。山の中にある広大な園内には、大きな恐竜たちが待つ恐竜広場がある。自然環境活用センターを出発し、ディメトロドン、プラテオサウルス、アンキロサウルス、ディプロドクス、ティラノサウルスなど、併せて14体の実物大模型の恐竜がいるルートを歩ける。

恐竜を見て回るだけでもいいし、恐竜に登って遊んでもいい。尻尾がすべり台になっている恐竜もいるので、子どもたちも喜ぶこと間違いなしだ。周辺にあるローラーすべり台などの遊具も恐竜モチーフになっているので、隠れ恐竜探しをするのも楽しいだろう。

DATA

水戸市森林公園

みとししんりんこうえん

- 茨城県水戸市木葉下町588-1
- 029-252-7500
- 【4/1～9/30】6:00～19:00
【10/1～3/31】8:30～17:15
- 休 月曜日(祝日の場合は翌日)、年末年始
- ¥ 無料
- JR水戸駅よりバス「開江経由石塚車庫」行きで「森林公園西口」下車徒歩10分
- https://www.city.mito.lg.jp/site/shinrinkoen/

公園内の交流センターにある「手打ちそばの里やまね」で打ち立てのおいしい手打ちそばが食べられる。

公園
57
茨城
八坂公園
公園には400本もの
桜があり、春は公園中
がピンク色に染まる。
恐竜と遊びながらお
花見も楽しめる。

夏は恐竜プールで大はしゃぎ!

八坂公園は、遊具になっている恐竜と遊ぶことができる公園だ。園内には、迫力満点の恐竜が待っている。立ち上がった姿のティラノサウルスは、お腹に続く階段を上って中に入ることができ、さらに階段を上れば顔付近まで行けるようになっている。外が覗けるようになっているディメトロドンに入り、恐竜の目線を味わうのも楽しい。ほかにも尻尾がすべり台になっている恐竜やぶら下がって遊べる恐竜もいて、恐竜好きの子どもにはたまらない遊び場になっている。また、公園内にある恐竜すべり台プールも子どもたちに大人気だ。

1 2

1 すべり台になった恐竜の遊具。子どもたちに絶好の遊び場だ。2 夏季限定で公園にあるプールを楽しめる。3つのエリアがあり、一番人気なのは恐竜のすべり台付きプール。ほかにもオットセイの噴水プールなどがあり、比較的浅いので小さな子どもも保護者と一緒に遊べそうだ。

DATA

八坂公園

やさかこうえん

- 茨城県坂東市岩井3162
- 0297-35-2121(坂東市役所代表番号)
- 〈公園〉入退場自由
〈プール〉7月第1土曜日〜8月末日の9:00〜16:00
- 休 月曜(プール)
- ¥ 〈プール〉市内の方:大人350円、中学生以下150円
市外の方:大人700円、中学生以下250円
- 圏央道「坂東IC」から約10分
- 東武愛宕駅より茨城急行自動車バス岩井車庫行き(30分)、「総合文化センター入口」下車、徒歩10分
- https://www.city.bando.lg.jp/page/page008807.html

まるで恐竜が水を飲んでいるようだ。

小室山公園

トリケラトプスに襲いかかりそうなティラノサウルス。「恐竜広場」には全部で16体のリアルな恐竜たちがいる。

海を望む絶景の丘で恐竜を探して

標高321mから望む絶景が人気で、約10万本ものツツジが一面に広がる花の名所としても知られる小室山公園。観光スポットとして有名な場所だが、山の中腹には、16体のリアルな恐竜が潜んでいる恐竜広場があり、地元の人たちに人気の穴場スポットだ。

大自然の中に現れるのは、向かい合って戦っているようなティラノサウルスとトリケラトプス、そして今にも歩き出しそうなブラキオサウルスなど錚々たる面々。特徴的な扇状の帆を持つディメトロドンは、お腹の穴に入って写真を撮ることも可能だ。骨格だけのスケルトンザウルスやマンモスなどの珍しいオブジェもあり魅力の一つだ。また、恐竜を模した複合遊具で思いっきり遊ぶこともできる。

広場は丘に面していて、遊具の側には伊豆半島の海が一望できる広場があり、景色を楽しむこともできる。恐竜たちとたくさん遊んだあと、ここでランチをしたり、ゆったり過ごすのもいいだろう。

恐竜広場へはジュラシックコースを登って約15分で辿り着けるが、リフトで空中遊覧を楽しみながら山頂へ行き、下りながら広場を目指すのがおすすめ。散策路にも恐竜たちが現れるので、ぜひ探してみて。

1 恐竜のオブジェのほかにも、恐竜のかたちをした遊具もある。よく見るとティラノサウルスとプテラノドンがいる。2 一面に広がる伊豆の海。絶景を見ながらピクニックを楽しめる。3 ティラノサウルスを襲おうとしているイグアノドン。

DATA

小室山公園

こむろやまこうえん

- 静岡県伊東市川奈1260-1
- 0557-45-1444
- リフト：9:30〜16:00
- 無休
- 園内 無料、リフト（往復）大人800円、小学生100円（片道）大人500円、小学生100円
- 伊豆急行線川奈駅より徒歩約20分
- https://www.city.ito.shizuoka.jp/gyosei/soshikikarasagasu/kankoka/shiseijoho/5/1/2031.html

＋αで楽しめる！

圧倒的な開放感！「小室山リッジウォーク MISORA」

小室山公園の山頂には、海と空の青い世界が広がる絶景を望める「小室山リッジウォーク MISORA」がある。山頂をぐるりと囲む遊歩道を歩いて景色を楽しもう。その下には全席オーシャン・スカイビューのカフェがあり、ここでひと休みするのもおすすめだ。

59 長野 公園

長野市茶臼山恐竜園

多くの恐竜はすべり台やブランコなどの遊具になっていて、中に入ったり上ったり自由に遊べる。

恐竜がたくさん！ 遊びながら学びも充実

県内屈指の規模を誇る茶臼山植物園内にある茶臼山恐竜園には、可能な限り実在した姿と大きさで再現された恐竜が25体もいる。特に注目すべきは、体長25ｍにも及ぶ巨大なディプロドクスだ。その圧倒的な大きさは、遠くから見ても目を見張るものだろう。人気のあるティラノサウルスやトリケラトプス、ステゴサウルスはもちろん、プテラノドンといった翼竜の仲間たちも。人間がはじめて見つけた恐竜の化石といわれるイグアノドンや、エダフォサウルスといった珍しい恐竜もいるので恐竜好きな人にとってはたまらないはずだ。

＋αで楽しめる！

恐竜の解説が充実！

恐竜の近くには、生態説明板などが設置されていて、とてもわかりやすい。親子で楽しみながら学べる場所にもなっている。

DATA

長野市茶臼山恐竜園

ながのしちゃうすやまきょうりゅうえん

- 長野県長野市篠ノ井岡田2358
- 026-293-5167（長野市茶臼山動物園）
- 【3月20日～12月19日】8:30～17:00
- 休 上記の期間中は無休
- ¥ 無料
- JR篠ノ井駅から15分
- JR篠ノ井駅からZOOぐるバス「篠ノ井駅西口」乗車、「茶臼山動物園北口下車」
- http://www.chausuyama.com/kyouryu/

1 体長25mにも及ぶディプロドクス。遠くから見てもその大きさに圧倒される。2 プラティオサウルス。中に入って遊ぶことができる。

「恐竜の広場」にいる巨大なブロントザウルス。ローラーすべり台のゴールの近くにいる。

恐竜の卵から出発するローラーすべり台

男 女山公園は、岡山県の北中部で鳥取県と隣接する鏡野町にある標高約205mの「女山」につくられた、地球の誕生からの歴史をテーマにした公園だ。上り坂の多い公園には、広々とした「太陽の広場」をはじめ、遊具のある「クレータの広場」、「未来の丘」、のんびり深呼吸したくなる「緑の広場」、プロントザウルス・ティラノサウルスが出迎える「恐竜の広場」がある。男女山公園の目玉は、恐竜の卵から出発する約80mの長さを誇るローラーすべり台。小さな子ども連れのファミリー層にも人気のスポットだ。

「恐竜の広場」にはプロントザウルスとティラノサウルスが向き合っている。

1 2 恐竜の卵から出発する約80mの長さを誇るローラーすべり台。親子で一緒に楽しめるスポットだ。

DATA

男女山公園

おとめやまこうえん

- 岡山県苫田郡鏡野町土居1521
- 0868-54-3551
- 【3月～10月】9:00～18:00
  【11月～2月】9:00～17:00
- 休 月曜（祝日の場合は翌日）
- ¥ 無料
- JR津山駅から奥津方面行きバス約25分、「寺元」下車、徒歩約15分
- https://www.kagamino.holiday/spot/entry-284.html

61
鳥取
公園

潮風の丘とまり

大自然の中に棲む恐竜と触れ合える

グランドゴルフ場と公園が一体になっている「潮風の丘とまり」。ここは、恐竜だらけの公園として知られている。まず、海沿いの道路から駐車場に向かう途中に大きな恐竜のモニュメントが現れる。車の中から恐竜を見ると、ジュラシックパークのような気分が味わえるだろう。最も多くの恐竜に出合えるのは探検の森だ。坂を下っていくと次々に実物大の恐竜が出現。ディメトロドンやブラキオサウルスなどさまざまな恐竜たちが点在していて、中に入ったり上ったりして遊ぶことができる。大自然の中で実際に生きているようにあちこちに隠れているので、目を凝らして探してみよう。

1 芝生の公園にいくと、大きなティラノサウルスが出迎えてくれる。中に入って遊ぶことができ、子どもたちに人気だ。2 海沿いの道路から駐車場に向かう途中にいるトリケラトプス。よく見ると面白い顔をしている。3 小高いところにも恐竜が。日本海が見えて、見晴らしのいい景色も楽しむことができる。

DATA

潮風の丘とまり
しおかぜのおかとまり

- 鳥取県東伯郡湯梨浜町泊1313
- 0858-34-3217
- 8:30～17:00
- 休 12月30日～1月3日
- ¥ 無料(グラウンドゴルフは有料)
- 山陰自動車道「泊東郷IC」から車で約10分
- https://www.tottori-guide.jp/tourism/tour/view/142

公園

62

香川

メタセコイアの森・太古の森

生きた化石・メタセコイアの森に潜む恐竜たち

讃岐百景の1つである山大寺池(だいじいけ)のほとりにある「メタセコイアの森・太古の森」。新生代の時代に栄え百万年前に絶滅したと考えられていた樹のメタセコイアを、中国の奥地で日本人の学者が発見。それを記念してつくられた森林公園だ。

ここにいるのは、ティラノサウルスやトリケラトプス、ディメトロドンの3種の恐竜。大自然の中からひょっこり現れるように点在していて、まるで実際に恐竜が棲んでいた森のようだ。ディメトロドンは中に入って遊ぶこともできるので、子どもは喜ぶだろう。メタセコイアの木々は四季によって緑や紅に色づき景色が変わるので、ぜひ季節ごとに足を運んでみて。

散策コースを歩いていくと、実物大の恐竜のオブジェが設置された広場が出現。1 ティラノサウルス、2 ディメトロドン、3 トリケラトプスの3種の恐竜がいる。

DATA

メタセコイアの森・太古の森

めたせこいあのもり・たいこのもり

- 香川県木田郡三木町大字上高岡
- 087-891-3314
- 9:00〜17:00
- 休 無休
- ¥ 無料
- 琴電(電車)学園通り駅から車で10分
- https://www.town.miki.lg.jp/life/dtl.php?hdnKey=1153

日本で発見された恐竜は？

パラリテリジノサウルス

生息時期　白亜紀後期
発掘地　北海道中川町
全長　約2～3m

カムイサウルス

生息時期　白亜紀後期
発掘地　北海道むかわ町穂別
全長　約8m
恐竜スポット　むかわ町穂別博物館（➡ P.14）

フクイラプトル

生息時期　白亜紀前期
発掘地　福井県勝山市
全長　約4m
恐竜スポット　福井県立恐竜博物館（➡ P.40）

フクイサウルス

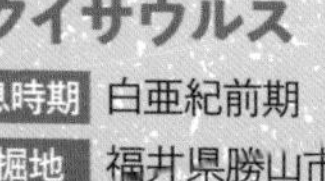

生息時期　白亜紀前期
発掘地　福井県勝山市
全長　約4.7m
恐竜スポット　福井県立恐竜博物館（➡ P.40）

フクイベナートル

生息時期　白亜紀前期
発掘地　福井県勝山市
全長　約2.5m
恐竜スポット　福井県立恐竜博物館（➡ P.40）

日本では、全国各地からさまざまな種類の恐竜の化石が見つかっている。恐竜の研究が始まったのは、1934年、当時は日本領だった樺太の海でニッポノサウルスが見つかったのがきっかけだ。その後、次々と日本で恐竜の化石が見つかっているが、現在学名がつけられている恐竜は10種。そのうちの5種が福井県で見つかっている。ここでは、日本で発見された代表的な恐竜を紹介する。

タンバティタニス

生息時期 白亜紀前期
発掘地 兵庫県丹波市
全長 約15m
恐竜スポット 丹波竜化石工房 ちーたんの館(➡ P.49)、兵庫県立人と自然の博物館(➡ P.50)

アルバロフォサウルス

生息時期 白亜紀前期
発掘地 石川県白山市
全長 約1.7m

ヤマトサウルス

生息時期 白亜紀後期
発掘地 兵庫県洲本市
全長 約7〜8m
恐竜スポット 兵庫県立人と自然の博物館(➡ P.50)、淡路ワールドパーク ONOKORO(➡ P.98)

コシサウルス

生息時期 白亜紀前期
発掘地 福井県勝山市
全長 約3m

フクイティタン

生息時期 白亜紀前期
発掘地 福井県勝山市
全長 約10m

chapter

04

恐竜と楽しむ

食べる

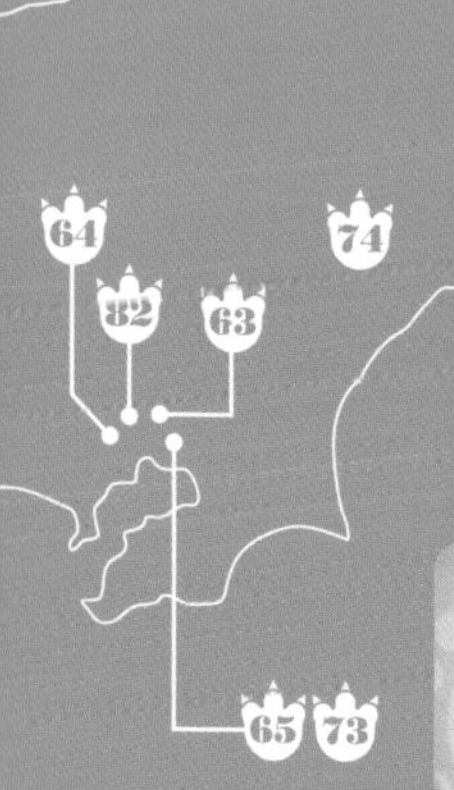

買う

81 poupou poddy

82 東京サイエンス新宿ショールーム
（紀伊國屋書店新宿本店化石・鉱物標本売場）

泊まる

72 民宿ポレポーレ

73 変なホテル舞浜 東京ベイ

74 ホテルブランヴェール那須

75 勝山ニューホテル

76 グランディア芳泉

77 ホテルハーヴェスト
スキージャム勝山

78 奥出雲多根自然博物館

79 デュラクスアウトドアリゾート
京丹後久美浜 LABO

80 デュラクスアウトドアリゾート
冒険の森やまぞえ

食べる

63 東京

レストラン・ムーセイオン 国立科学博物館店

1 ガラス窓から見える景色。まるで骨格標本が暗闇を泳いでいるようで幻想的だ。2「ジュラ紀ハンバーグプレート」。食べ応え抜群だ。3 広々としたフロア。大星雲と呼ばれる天体現象をイメージした天井が綺麗だ。

骨格標本と星空の天井を見ながら本格ランチ

国立科学博物館の地球館の中2階にあるレストラン「ムーセイオン」。このお店に来たら座りたいのが、店内奥側のガラス張りになっている席だ。地球館1階の展示物を見ながら食事ができ、暗闇に浮かぶ大きな骨格標本の景色を楽しむことができる。メニューは恐竜をモチーフにしたプレートやデザートがあり、ハンバーグが恐竜の足跡の形をしている「ジュラ紀ハンバーグプレート」やブルーベリーのジュレを赤い溶岩に見立て、アイスの上に恐竜のクッキーが乗った「かはくパフェ」が大人気。老舗西洋料理店である上野精養軒が手掛けているレストランなだけあり、味も見た目も本格的だ。

DATA

レストラン・ムーセイオン 国立科学博物館店

れすとらん・むーせいおん こくりつかがくはくぶつかんてん

東京都台東区上野公園7-20 国立科学博物館 地球館 中2階

03-3827-2080

10:30～17:00（※ラストオーダーは16:30まで）

JR上野駅より徒歩5分

https://www.seiyoken.co.jp/restaurant/kahaku/index.html

「かはくパフェ」。ブルーベリーのジュレとバニラアイスが絶妙な美味しさ。

食べる

64

東京

patisserie CONCeNT

お客さんごとの希望に合わせてつくられた恐竜のオーダーケーキ。店頭での受け取りか、都内近郊のみ冷蔵配送が可能(配送料は別途料金)。

十人十色のオーダー恐竜ケーキ

さまざまな要望に応えたオーダーケーキが魅力のCONCeNT。「パティシエにマルっとお任せコース」では、好きな恐竜のケーキをつくってもらうことができる。恐竜が好きな子どもや家族、親しい人にプレゼントしたら大喜びするのは間違いないだろう。お任せコースのほかにも、複数の大きさ・コースを選べるので、オリジナルの恐竜ケーキをつくれる。また、電話、店頭での予約のほか、ネットからの予約も可能だ。オーダーケーキの注文だけでなく、CONCeNT店内にはさまざまなケーキが並ぶ。イートインスペースもあるので、お店でゆっくりケーキを楽しむことも可能だ。

DATA

patisserie CONCeNT

ぱてぃすりー こんせんと

東京都渋谷区本町6-34-8

03-3373-8128

10:00～19:00（予約可）

京王新線幡ヶ谷駅より徒歩5分

http://www.patisserie-concent.jp

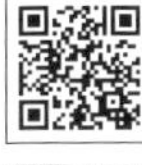

65
千葉
食べる

ジュラシックダイナー

ジュラ紀をモチーフにしたレストランで、店内はまるで恐竜のテーマパークのような空間だ。

まるでテーマパーク！恐竜の世界で朝食を

「変なホテル舞浜 東京ベイ」（P・140参照）の1階にある朝食レストラン。ジュラ紀をモチーフにしており、ゴツゴツとした岩で覆われた洞窟のような空間だ。

ここでは和・洋・中、約40種類のメニューをそろえたビュッフェ形式の朝食を提供している。野菜も豊富にそろえており、朝からバランスのいい健康的な食事を楽しむことができる。メニューの中には恐竜をモチーフにしたものもあり、恐竜のカタチをした「恐竜ナゲット」はぜひ食べてみてほしいおすすめの一品。

また、特に子どもに人気なのが手づくりパフェのコーナーだ。つくり方の見本を見ながら、さまざまなトッピングをのせて自分だけのパフェを自由につくることができる。

なお、この朝食はホテルに宿泊した人限定のスペシャルな体験。おいしく食べて、一日のはじまりを満ち足りた気持ちで迎えられるだろう。

1 恐竜の絵が描かれた壁。気ままに暮らす恐竜たちがいる。お店に来たらこの席に是非座りたい。2 和・洋・中から自由に選べる朝食ビュッフェ。「恐竜ナゲット」も必見。3 ホテルのロビーには2体の大きい恐竜がお出迎え。

DATA

ジュラシックダイナー

じゅらしっくだいなー

- 千葉県浦安市富士見5−3−20
- 050-5894-3737
- 6：30〜9：30
- 首都高速道路湾岸線浦安ランプから約5分 ※駐車場有
- JR舞浜駅より無料シャトルバス 舞浜駅より富士見五丁目バス停で下車すぐ
- https://www.hennnahotel.com/maihama/

※ホテル宿泊者専用

食べる
66
福井

道の駅 恐竜渓谷かつやま

1

2

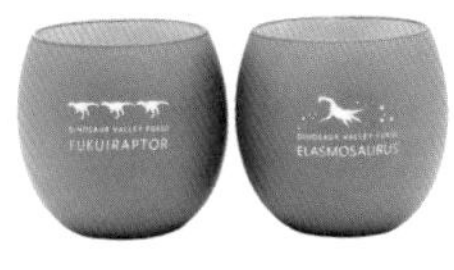

3

1 道の駅の外観。ドライブの休憩がてらに立ち寄ってみよう。2 スーベニアショップ。ショップにはついつい買いたくなる恐竜グッズがたくさん。3「若狭牛メンチカツバーガー」。食べ応え抜群で、贅沢な食感と香りを楽しめる。「Kyutarou Blue カップ恐竜渓谷かつやま限定デザイン ver.」。恐竜の卵のような丸みを帯びたコップだ。

ドライブの合間に「恐竜」を満喫

恐竜の街・勝山は、道の駅まで恐竜づくしだ。カフェレストランとスーベニアショップには恐竜をモチーフにしたファストフードやグッズがたくさん。カフェで食べたいのが、福井県のブランド牛・若狭牛を贅沢に使用した「若狭牛メンチカツバーガー」だ。恐竜ナゲット、ドリンクがセットになっていて、バンズにはオリーブがついており、恐竜の顔のようになっているのがポイント。

スーベニアショップでは、道の駅オリジナル商品「Kyutarou Blue カップ恐竜渓谷かつやま限定デザイン ver.」があり、福井県のお土産としてもおすすめ。恐竜博物館とあわせて道中に立ち寄ってみよう。

DATA

道の駅
恐竜渓谷かつやま
みちのえき きょうりゅうけいこくかつやま

福井県勝山市荒土町松ヶ崎1−17

0779-89-2234

ショップ／9:00〜17:00
レストラン／10:00〜16:00
※時期によって変動あり

中部縦貫自動車道「勝山IC」より車で3分
※駐車場有り

http://katsuyama-navi.jp/michieki/

67
兵庫

食べる

Cafe du East

1

2 3

恐竜×異国情緒あふれるクラシックカフェ

入口の動く恐竜が目を引く、神戸元町商店街のインテリアショップ「メゾン・ド・マルシェ」。日本でも最大級のクラシック家具のお店だが、2階にはカフェスペース「Cafe du East」が。クラシック家具で統一された内装はまるでヨーロッパのお城のよう。おすすめのメニューは「トリケラトプスの卵」で、中世ヨーロッパの時代から愛されたスパイスとハーブが効いた、クラシックな卵型のキッシュだ。恐竜とクラシック家具は、一見何の関係もないように思えるが、一度廃れたものが時代を超えて今もなお愛されるという点で通じており、恐竜がお店のランドマークとして親しまれている。

1 2階の窓際から見えるティラノサウルスが目印。2 窓に近い席からはお店のランドマークである恐竜の後ろ姿が。3 ここから好きなカップとソーサーを選び優雅なティータイムを楽しめる。

DATA

Cafe du East

かふぇ・ど・いーすと

- 兵庫県神戸市中央区元町通4丁目2-21 メゾン・ド・マルシェ2階
- 078-341-1758
- 10:30～17:30（予約可）
- 休 第3水曜
- ・阪急電車花隈駅東口より徒歩約2分
  ・神戸地下鉄海岸線みなと元町駅より徒歩約3分
- https://maison-du-marche.com

恐竜がたくさんいる入口。2体のアロサウルスたちが歓迎してくれる。受付には天井を突き破ってきたティラノサウルスが！

ボリューム満点な恐竜料理を堪能！

大阪心斎橋にある、ビル丸ごと恐竜だらけのお店。ここは恐竜をコンセプトにしたエンターテインメントビルで、1階と3階にボリューム満点のアメリカ料理を食べられるカフェダイニングがある。たくさんの恐竜メニューがあり、恐竜の巣に見立てた「恐竜の巣サラダ」やチキンレッグの「始祖鳥レッグ」が人気だ。ほかにも本物の「ワニの手」を恐竜の手に見立てた「溶岩に落ちたダイナソーハンド」など、味と見た目、メニュー名にもこだわった料理を楽しむことができる。家族や友達で盛り上がれるワクワクがつまったカフェだ。

店内の様子。天井にはプテラノドンが飛んでおり、太古の森を彷彿とさせる内装だ。

1

2

3

1「溶岩に落ちたダイナソーハンド」本物のワニの手をトマトソースで煮込んだ一品。鶏肉のような味で、たんぱく質も豊富だ。2「骨付きダイナソービーフ」全長30cmで、重さは1キロの大きな「マンガ肉」だ。ハンバーグミンチを鶏ももで包みじっくりジューシーに焼いたもので、3種のソースを付けて食べる。3「恐竜の巣サラダ」。卵の下には濃厚ポテトサラダが隠れている。

DATA

ENTERTAINMENT × DINING DINOSAUR

えんたーていんめんと × だいにんぐ だいなそー

- 大阪府大阪市中央区東心斎橋1-17-31
- 06-6244-7776
- 【月～木・日・祝日】11:00～翌1:00
【金・土・祝前日】11:00～翌5:00
- 地下鉄御堂筋線心斎橋駅より徒歩2分
- https://entertainmentdining-dinosaur.com/

食べる

69

大阪

ホテル ユニバーサル ポート ザ・レックスエンターテイメントプレイス「Lounge R」

高級感のある店内には天井からT-REXが吊るされている。煌びやかな世界に引き込まれそう。

「恐竜×バー」で大人の遊び心あふれる空間

ユニバーサル・スタジオ・ジャパンを目の前に臨むホテル ユニバーサル ポート。その1階にあるザ・レックスエンターテイメント内には、巨大恐竜T－REXのスケルトンモデルが天井から吊るされた、大人の遊び心あふれる「Lounge R」がある。個性的な球体のオブジェや恐竜の角をモチーフにしたランプシェードも飾られ、高級感のある内装だ。おすすめのメニューは季節のカクテルで、春夏秋冬それぞれを表現した個性的なカクテルを味わえる。ほかにも、日本のウイスキーや地ビールも取り揃え、いろんなお酒を楽しむことができる。

1 2

1 個性的なカクテルが登場する。彩り華やかなトロピカルカクテルもそろう。(※写真は以前に販売された期間限定のカクテル) 2 ランチ限定の「月替わりハンバーガーセット」。ふんわり甘めのバンズが特徴。

DATA

ホテル ユニバーサル ポート
ザ・レックスエンターテイメントプレイス
「Lounge R」

ほてる ゆにばーさる ぽーと
ざ・れっくすえんたーていめんとぷれいす「らうんじあーる」

大阪府大阪市此花区桜島1-1-111

06-6463-5000(ホテル代表)

8:00～22:00(予約不要)

JRユニバーサルシティ駅から徒歩約3分

https://universalport.orixhotelsandresorts.com/

店はリバーサイドに隣接していて景色も抜群。夜はバーのような空間になりカクテルを楽しめる。

※写真はすべてイメージです。SH23-0110

70
大阪
食べる

ホテル ユニバーサル ポート ザ・レックスエンターテイメントプレイス「レックスカフェ」

恐竜シルエットが並んだ内装が目印。ここでは軽食からスイーツまでいろいろな食事を楽しめる。

子どもと楽しめる、スタイリッシュな恐竜カフェ

前ページの「Lounge R」と同じくザ・レックスエンターテイメントプレイス内にある「レックスカフェ」。こちらはカクテルではなく、軽食やスイーツを楽しめるカフェだ。食事メニューはジューシーなハンバーグにチーズソースをかけたロコモコ丼が人気で、足型になった目玉焼きがかわいい。大人も子どもも楽しめる味だ。また、季節を楽しむかわいらしいスイーツもおすすめ。季節ごとに違ったデザートを食べることができる。子どもと一緒に楽しめる遊び心いっぱいの「レックスカフェ」。恐竜たちに囲まれる空間に心おどらせよう。

季節のスイーツ。春夏には旬の果物を、秋はハロウィーン、冬はクリスマスをテーマにしたケーキが登場する。(※写真は以前に販売された期間限定スイーツ)

DATA

ホテル ユニバーサル ポート
ザ・レックスエンターテイメントプレイス
「レックスカフェ」

ほてる ゆにばーさる ぽーと
ざ・れっくすえんたーていめんとぷれいす「れっくすかふぇ」

大阪府大阪市此花区桜島1-1-111

06-6463-5000(ホテル代表)

8:00〜22:00(予約不要)

JRユニバーサルシティ駅から徒歩約3分

https://universalport.orixhotelsandresorts.com/

※写真はすべてイメージです。SH23-0110

恐竜の足型になった目玉焼きがかわいいロコモコ丼。ボリューミーで大満足だ。

史上最大の翼竜ケツァルコアトルスの全身骨格。近くで見るとものすごい迫力だ。

食べる

71 沖縄

くるくまの森ガーデンハウス

珍しい翼竜の全身骨格が見られるレストラン

「アジアンハーブを活かした健康食品を製造・販売する株式会社仲善が運営する「くるくまの森ガーデンハウス」では、古生物関連の全身骨格標本や多数の化石などを展示している。

南城市知念の高台にある約1200坪の敷地内には、本格的なエスニック料理を楽しめるアジアン・ハーブレストラン「カフェくるくま」や健康食品を扱う「くるくまショップ」、遊歩道「奇石の小道」、薬草園があり見どころがいっぱい。

カフェ入り口付近のアーケード内には、化石を見られる展示があり、飾られているのは翼竜ケツァルコアトルスの全身骨格標本、新生代の哺乳類（象）ステゴンの頭骨、トリケラトプスの頭骨、ティラノサウルスの頭骨、アンモナイトなどさまざまだ。特にケツァルコアトルスは、国内でもあまり見ることのない化石だけに興味深い。ほかにも、敷地内のあちこちに恐竜の実物大模型が展示されているのも面白い。

恐竜化石の展示と恐竜時代から続いている太平洋を一望できる絶景、ハーブにこだわった本格的なエスニック料理のコラボを楽しめる、恐竜ファンにはたまらないスポットであることは間違いない。

1「くるくま タイスペシャル」(1899円)は人気メニュー。タイ料理定番のグリーンカレー、レッドカレーをセットで楽しめる。2 店内の様子。見晴らしがよく、一人でも家族連れでも楽しめる。3 太平洋を一望できるテラス席。絶景を満喫できる。

アーケード内の展示スペースにある古生物関連の化石。上の写真はかなりの大きさがあるジュラ紀のアンモナイト。下はティラノサウルスの頭骨。展示も充実している。

DATA

くるくまの森ガーデンハウス

くるくまのもりがーでんはうす

沖縄県南城市知念字知念1190

098-949-1189

【平日】10:00～17:00(入館は16:00まで)
【土日祝日】10:00～18:00(入館は17:00まで)
※営業時間が変更となる場合あり

休 無休

那覇空港道「南風原南IC」から約25分

https://www.nakazen.co.jp/cafe/

民宿ポレポーレ

店内にはむかわ竜をはじめとするさまざまな恐竜グッズが勢ぞろい。Tシャツやトートバック、ピンバッチ、アクセサリーなどさまざま。

まったりできる民宿×恐竜ショップ

むかわ町穂別はむかわ竜・カムイサウルスが発掘された場所。その化石は、全国でも貴重な恐竜全身骨格化石だ。そんなむかわ町穂別にアットホームな雰囲気が落ち着く「民宿ポレポーレ」がある。１泊４４００円（相部屋の場合はそこから５５０円割り引き）から宿泊できる。

ここの民宿の魅力は、民宿の隣に恐竜グッズを扱う「恐竜ショップぽれぽーれ」があるというところだ。なんと１０００点以上もの恐竜グッズがそろっており、Ｔシャツやぬいぐるみ、アクセサリーなど多岐にわたる商品が販売されている。さらにはオリジナルの恐竜グッズも販売しており、宿泊した際は是非購入して旅の記念としたい。２０２３年のさっぽろ雪まつり恐竜展示や、国立科学博物館の恐竜博２０２３でも購入できるとのこと。

ちなみに、Ｐ・14の「むかわ町穂別博物館」は徒歩およそ10分、穂別キャンプ場までは車で20分で行くことができる。博物館でむかわ竜を楽しむもよし、北海道の自然を楽しむもよし、どちらも良い思い出がつくれそうだ。

レジンアクセサリーは店主デザイン・制作の完全オリジナル商品だ。

1 民宿の隣にある恐竜ショップ。2 民宿の外観。ピンク色の建物が目印。あたたかみのある雰囲気がチャーミングだ。3 ベッドと机だけのシンプルなお部屋。4 廊下には漫画がたくさん。部屋に持っていくこともできる。

＋αで楽しめる！

お昼時は民宿前に集まるキッチンカーに行こう

敷地にはキッチンカーが多数出店。日ごとに違うキッチンカーが来ており、どんなおいしいグルメが食べられるかが楽しみなところ。お出かけした際の腹ごしらえにぴったりだ。

DATA

民宿ポレポーレ

みんしゅくぽれぽーれ

北海道勇払郡むかわ町穂別75-12

090-9080-5287

千歳空港より道南バス（要予約）　※駐車場有り

https://porepo.jimdofree.com/

泊まる

73 千葉

変なホテル舞浜 東京ベイ

恐竜柄にあふれた恐竜ルーム。チェックインのカウンターにはヴェロキラプトルのロボットたちが働いている。

入口から部屋まで恐竜づくしのホテル

「変なホテル」というだけに、ロビーに入ると、いきなり巨大なティラノサウルス2体がお出迎え。さらにはチェックインのカウンターには、2体のヴェロキラプトルのロボットが受付をしていて、確かにほかのホテルとは変わった面白いホテルだ。フロントからすでに恐竜でいっぱいで、恐竜ルーム内はベッドカバー・枕カバーから壁紙・カーテンまですべてが恐竜柄。入室してすぐ気持ちが上がるのは間違いないだろう。館内には恐竜コンセプトのレストランもある（P・126参照）。恐竜好きな子どもがいたら一度は家族で泊まりたいホテルだ。

1 部屋には恐竜について学べる書籍がある。部屋でじっくり読めるのが嬉しい。2 宿泊者にはティラノサウルスのぬいぐるみ・除菌シート付の恐竜の化石発掘キットをプレゼント。3 ロビーには恐竜グッズのクレーンゲーム機がある。ホテル滞在時間も子どもが楽しめる工夫がいっぱいだ。

変なホテル舞浜 東京ベイ

へんなほてるまいはま とうきょうべい

千葉県浦安市富士見5丁目3−20

050-5894-3737

首都高速道路湾岸線浦安ランプから約5分
※駐車場有り

JR舞浜駅より無料シャトルバス
舞浜駅より富士見五丁目バス停で下車すぐ

https://www.hennnahotel.com/maihama/

泊まる

74

栃木

ホテルブランヴェール那須

ホテルの敷地の入り口には大きなティラノサウルスが！さらにホテルのロビーにもお出迎え係であるトリケラトプスがいる。

ドキドキ感あふれる
大迫力の恐竜がいっぱい

まるでテーマパークのようなホテルで、敷地の入り口では早速恐竜がお出迎え。敷地の森の中にはたくさんの動く恐竜がいて、恐竜たちの鳴き声を聞きながらホテルへと向かうことができる。ロビーに入ると、巨大なトリケラトプスとご対面。頭を揺らし、さらには鳴いて反応してくれるという歓迎ぶりだ。部屋は自然の中にいる恐竜を間近に感じられる壁紙がポイント。部屋によっては窓から恐竜が見えることもあり、部屋から探すのも面白い。ホテルにはスパ施設やプールもあり、プールサイドにも十数匹の恐竜がいる。

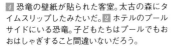

1 恐竜の壁紙が貼られた客室。太古の森にタイムスリップしたみたいだ。2 ホテルのプールサイドにいる恐竜。子どもたちはプールでもおおはしゃぎすること間違いないだろう。

+αで楽しめる!

3組限定の「お子様恐竜プレート」

食事のメニューも恐竜がモチーフに。「お子様恐竜プレート」という1日3組限定のプランは、恐竜の足の形をしたご飯とカラフルな色合いがキュートだ。食べるのがもったいないほど、見ているだけで楽しくなるプレートである。

DATA

ホテルブランヴェール那須

ほてるぶらんゔぇーるなす

- 栃木県那須郡那須町湯本206-194
- 0287-74-5588
- 東北自動車道「那須IC」から約30分
- http://blancvert-nasu.com/

泊まる

75 福井

勝山ニューホテル

1 白亜紀の森をイメージした壁紙が部屋を彩る。2 3 色彩が鮮やかなステゴサウルスルーム。非日常的な空間が広がる。

白亜紀をイメージした空間で非日常体験

福井県立恐竜博物館から車で約5分の場所に位置する「勝山ニューホテル」。ティラノサウルスルームとステゴサウルスルームの2種類の部屋があり、飛翔するプテラノドンの影や恐竜の一部を模した大型オブジェ、ツリーハウスをイメージした秘密基地感あふれるロフト、白亜紀をイメージした壁紙など、それぞれが冒険心をくすぐる仕掛けが満載だ。なお、ホテルは改装され、2023年7月に恐竜コンセプトホテルとしてリニューアルオープン。10室以上の恐竜ルームが新たに誕生し、ホテル各所で太古のロマンを感じられるつくりになっている。パワーアップした恐竜ルームをぜひ体験しよう。

DATA

勝山ニューホテル

かつやまにゅーほてる

福井県勝山市片瀬町2-114

0779-88-2110

中部縦貫道「勝山IC」から約10分
※駐車場有り

えちぜん鉄道勝山駅からタクシーで約10分

www.rio-hotels.co.jp/katsuyama

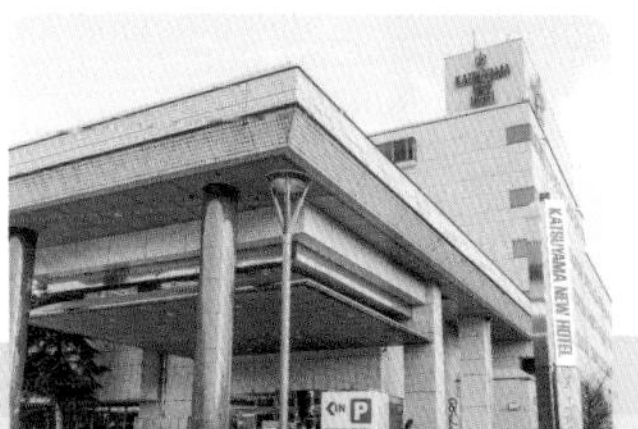

泊まる

76 福井

グランディア芳泉

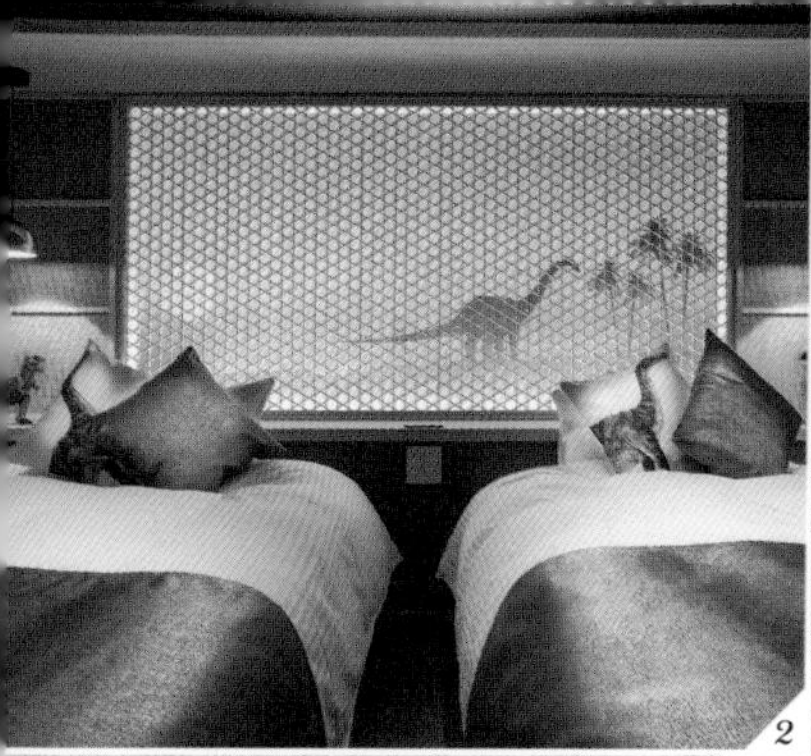

温泉×恐竜を楽しむ大人の恐竜ルーム

和なつくりが落ち着く温泉旅館「グランディア芳泉」。その中の「さくら亭なごみ」という日本らしさが随所に散りばめられた館に、実は恐竜ルームがある。部屋に入ると、ベッドの奥には夕焼け空に浮かびあがる恐竜の姿が。洗練されたシックなデザインが印象的だ。和な雰囲気と恐竜が見事に調和した、統一感のあるおしゃれな空間となっている。恐竜ルームのほか、温泉もこの旅館の魅力の一つ。5階にある「天上SPA」では、ひのき風呂や露天風呂など、湯めぐりを楽しむことができる。そこから見える景観は季節や時間帯によってさまざまな顔を見せ、癒されること間違いなしだ。

1 落ち着いた空間が広がる和テイストな恐竜ルーム。2 ベッドのクッションもさりげなく恐竜柄だ。3 創業60周年を記念してできた恐竜のフォトスポット。恐竜たちと楽しい一枚を撮影できる。

DATA

グランディア芳泉

ぐらんでぃあほうせん

福井県あわら市舟津43-26

0776-77-2555

北陸自動車道「金津IC」から約10分　※駐車場有り(300台)

大阪・京都駅から特急サンダーバードを利用、JRあわら温泉駅からシャトルバス約10分

https://www.g-housen.co.jp/

ホテルハーヴェストスキージャム勝山

恐竜ルームの部屋。壁面にデザインされた5体の恐竜のシルエットが好奇心をくすぐる。

自分だけの「恐竜研究室」に泊まろう！

スキージャム勝山のゲレンデに直結した高原リゾート「ホテルハーヴェストスキージャム勝山」。このホテルには「恐竜ラボ（研究室）ルーム」という体験型の恐竜ルームがあり、宿泊することができる。まずその入り口のドアには化石採掘の道具が飾られている。さらに「〇〇ちゃんの研究室」と宿泊者の名前を書きこめるプレートもあり、子どもたちはまるで自分の研究室に来たかのような気分を味わえる。ワクワクした気持ちでドアを開けると、地層をイメージしたかっこいい壁紙が目に入る。この恐竜の絵は福井県で発見されたほぼ実寸大の恐竜5体のシルエットで、迫力がありながらもデザインがスタイリッシュだ。

その向かい側の壁には恐竜の標本がディスプレイされ、恐竜や化石発掘に関する書籍、さらには子ども用の白衣まで用意されている。研究員になりきって楽しく恐竜について学べる工夫がたくさんだ。

また、ホテルでは恐竜をテーマにレザークラフトやジオラマづくりなどのイベントも不定期で開催。子どもから大人まで楽しめる本格的な内容となっている。勝山という恐竜の街ならではの恐竜づくしな空間を満喫できる面白いホテルだ。

1 迫力ある恐竜のシルエットがありながらも、落ち着いた空間が広がる。2 入口のドアには「Dinosaur Laboratory（恐竜の研究室）」と書かれている。ホテルの部屋が研究室というコンセプトが面白い。3 壁際には恐竜の標本や書籍が飾られている。4 お部屋に住む小さな恐竜たち。たくさんいるので子どもたちはおおはしゃぎだろう。

DATA

ホテルハーヴェスト スキージャム勝山

ほてるはーゔぇすとすきーじゃむかつやま

福井県勝山市170-70

0779-87-0081

中部縦貫自動車道「勝山IC」から約37分
※駐車場有り

https://www.resorthotels109.com/skijam/map.html

＼＋αで楽しめる！／

部屋にはかわいい恐竜のコップも！

壁紙やディスプレイはもちろんのこと、部屋に備えつけのマグカップまで恐竜柄という徹底ぶり。恐竜グッズを探して、部屋の中をいろいろと見て回るだけでもかなり楽しめるつくりになっている。細部へのこだわりが感じられる客室だ。

奥出雲多根自然博物館

まるでお城のような博物館の外観。大きな恐竜が目印だ。

博物館に泊まれる、恐竜ナイトミュージアム

日本で唯一泊まれる博物館が島根県にある「奥出雲多根自然博物館」だ。エントランスに入るとまず、ジュラ紀最大級の恐竜・アロサウルスの全身骨格標本がお出迎え。目を見張るほどの大きさだ。展示は「宇宙の進化と生命の歴史」をテーマに、1階では恐竜を中心とした古代生物の化石と鉱物・岩石を紹介。2階は海の生物の化石がメインで、青い光に包まれた展示室はまるで海の中にいるかのよう。

3階から上は宿泊スペースになっていて、恐竜ルームは部屋ごとにコンセプトが異なり、シンプルな部屋から遊び心のある部屋までその種類はさまざま。特に人気なのは2段ベッド4人部屋の恐竜ルームだ。いたるところに恐竜のデザインやグッズがあり、子どもにも大好評なのだとか。

さらに嬉しいのが、宿泊者限定で観覧できるナイトミュージアムだ。昼とは違った雰囲気の中、恐竜の映像が映し出され、鳴き声まで聞こえてくるという本格仕様。クイズに正解すると記念グッズがもらえる可能性も。このほか、博物館の周囲には温泉もあり、佐伯温泉長者の湯や出雲湯村温泉がある。博物館を満喫したあと温泉に行って体を癒し、素敵な時間を過ごそう。

1 4名で泊まれる人気の恐竜部屋。壁にもかわいい恐竜たちがいっぱいだ。2 宿泊者限定のナイトミュージアム。恐竜がライトアップされた特別な空間に滞在できる。

DATA

奥出雲多根自然博物館

おくいづもたねしぜんはくぶつかん

島根県仁多郡奥出雲町佐白236−1

0854-54-0003

・松江道「三刀屋木次IC」より30分
・「高野IC」より45分　※駐車場有り(20台)

JR木次線出雲八代駅より徒歩20分

http://tanemuseum.jp

+αで楽しめる！

宿泊者限定の恐竜プレート

宿泊した人限定で、通常の夕食の量では多いという小さいお子様向けに恐竜プレートも用意。食事だけでなく食器も恐竜柄になっているので、恐竜のモチーフを見つけながら、始終楽しく食事ができる。

泊まる
79
京都
デュラクスアウトドアリゾート
京丹後久美浜LABO
自然を満喫できる、広々とした空間が広がる。ダイナソールームには、かわいらしい恐竜たちがいっぱいだ。

恐竜たちに囲まれて過ごすグランピング施設

全国的に珍しい恐竜とアウトドアを一度に楽しめるグランピング施設「京丹後久美浜ＬＡＢＯ」。「外も中も恐竜だらけ」をコンセプトにしている宿泊部屋のダイナソールームは恐竜のシルエットを背景に、頭上にも恐竜が飛び、まさに恐竜だらけの部屋だ。外にも10頭以上の恐竜たちがいて、施設に置かれているEVモビリティに乗って、恐竜探検することもできる。日が暮れて暗くなるとライトアップされるので、夜の恐竜に会いに行くのも昼とは違う一面が見られて楽しいだろう。恐竜に囲まれた空間で最高のひとときを過ごせる。

1 入口には2体のティラノサウルスが喧嘩する大迫力の光景が見られる。夜はライトアップされてまるでテーマパークのようだ。2 外にも大きな恐竜たちがうろうろ！ 恐竜を見つける冒険をしよう。

DATA

デュラクスアウトドアリゾート 京丹後久美浜 LABO

でゅらくすあうとどありぞーと　きょうたんごくみはまらぼ

京都府京丹後市久美浜町布袋野116−1

0772-66-3739

・京都駅から京都縦貫道経由で2 時間20分
・大阪駅から2 時間30分

KTR久美浜駅からタクシーで15分

https://deluxs.jp/kumihama/

トイレにも恐竜の足跡が。なんの恐竜の足跡かな？

泊まる

80

奈良

デュラクスアウトドアリゾート 冒険の森やまぞえ

泊まれるのは1日1組のため、コテージでゆったり過ごせる。焚き火ができるファイヤーピットも。

恐竜がお出迎え！本格アスレチックも

「京丹後久美浜LABO」と同じく、グランピングツールブランドを展開する「deluxs」がプロデュースする「冒険の森やまぞえ」。本格的なアスレチックを楽しんだあとに、大自然の中でゆっくり休んで最高のひとときを過ごせる。宿泊棟は貸し切りでの使用となり、家族や仲間内だけでゆったり過ごすことが可能。棟のすぐ横には全長2m以上の大きなティラノサウルス（グリーンT-REX）が私たちをお出迎え。ちなみに、宿泊者に渡されるリモコンを操作すれば好きなタイミングで動かしたり、鳴かせたりすることができる。

アクティビティはもともとの森林を生かした「ツリートップアドベンチャー」があり、本格的なドキドキ・ワクワク感を味わえる大人向けの「アドベンチャーコース」では、森に張ったワイヤーをすべり降りる「ジップライン」を楽しめる。初心者にやさしい子ども向けの「チャレンジコース」もあり、年齢問わず森での冒険を満喫できるのが魅力だ。

このほか、アウトドアサウナ、ファイヤーピットで焚き火など、宿泊者限定のアクティビィも充実。都会の喧騒を離れ、ゆっくりした時間を満喫できるグランピング施設だ。

1 コテージの目の前には大きなティラノサウルスが。リモコンで動かすことができる。2 3 ファイヤーピットで焚き火をしたり、BBQをしたり、ゆったりした時間を楽しむことができる。

＋αで楽しめる！

ペットと一緒にお泊りできる！

グランピングはペットと一緒に泊まることが可能。広大な敷地で遊んだあとでも、コテージ内に清潔な状態で入れるように足洗い場がついている。予約プランの1つにはペットと泊まる方向けのものもあるので、HPでチェックしてみよう。

DATA

デュラクスアウトドアリゾート 冒険の森やまぞえ

でゅらくすあうとどありぞーと ぼうけんのもりやまぞえ

奈良県山辺郡山添村三ケ谷1680

080-3660-8191

大阪市内から1時間10分
京都市内から1時間40分
※駐車場有り

https://deluxs.jp/yamazoe/

お店のドアを開けると、たくさんのアクセサリーがズラリと並び、まるでジュエリーボックスのような空間が広がる。

大人かわいい恐竜アクセサリーをつくろう

仙台の路地裏にひっそりと佇む小さなお店「poupou poddy」。全国的にも珍しい恐竜をコンセプトにしたアクセサリーを扱う雑貨屋さんで、ここでしか買うことのできない恐竜のイヤリングやピアス、ハンドメイドのパーツや小物が取りそろえられている。

　中でも人気なのが、「トリケラトプスくん」や「ブラキオサウルスちゃん」などのかわいい恐竜のパーツ。自分でハンドメイドをしたり、好きな恐竜をセレクトしてオーダーメイドでつくってもらうことも可能だ。

　アクセサリーのほかにも、キーホルダーや傘に取りつけることができる「恐竜さんのアンブレラマーカー」などのグッズ類も充実している。定期的に商品が入れ替わるため、新作グッズの情報はSNSでチェックしておこう。

　恐竜のほかにもイヤリングやピアス、ネックレスなどのオリジナルアクセサリーや、国内外から集めたヴィンテージアクセサリー、さらにはハンメイドのための個性的なアクセサリーパーツが勢ぞろい。

　見て回るだけでも楽しく、宝探しのようなワクワク感を味わえるだろう。ハンドメイドや恐竜好きな女性に嬉しい雑貨屋さんだ。

1 お店のドアの前にはかわいい恐竜がお出迎え。ピンク色の看板が目印だ。2 恐竜の小さなパーツが勢ぞろい。トリケラトプスやステゴサウルス、ブラキオサウルス、ティラノサウルスなどたくさんの種類がある。3 恐竜のほかにも、色とりどりなパーツがそろう。

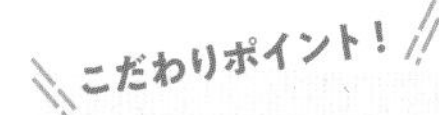

poupou poddy の恐竜アクセサリー

店内にあるアクセサリーはすべて店主のハンドメイド！ ここにしかない恐竜グッズを手に入れよう！

▲ステゴサウルスのピアス

▲「ブラキオサウルスちゃん」と「トリケラトプスくん」でつくったイヤリング。恐竜のパーツと小物を選び、自分だけのオリジナルのイヤリングをつくれる。

◀「恐竜さんのアンブレラマーカー」。蓄光で光る仕様になっている。

DATA

poupou poddy

ぽうぽうぽでぃ

- 宮城県仙台市青葉区国分町1−3−13
- 022-224-7690
- 11:00〜19:00
- 休 不定休
- 地下鉄東西線青葉通一番町駅より徒歩6分
- http://poupoupoddy.thebase.in

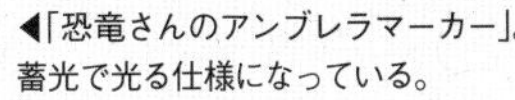

買う

82
東京

東京サイエンス 新宿ショールーム（紀伊國屋書店新宿本店 化石・鉱物標本売場）

紀伊國屋書店の1階の細い通路を歩くと、化石や鉱物がズラリと並んだお店が。まるで博物館のようだ。

ロマンあふれる化石と鉱物の標本ショップ

新宿の紀伊國屋書店の建物の1階通路を歩くと、つい足を止めてみたくなるユニークなお店がある。それは「東京サイエンス」という化石や鉱物の標本を売っているお店だ。化石や鉱物のコレクターの聖地として知られ、マイクロマウントと呼ばれる小さな標本が店内にズラリと並んでいる。

アンモナイトや三葉虫の定番の化石からマニアックなものまで、数多くのものを取りそろえており、中でも人気なのがマンモスの歯などの比較的リーズナブルな値段で購入できる化石だ。5000円程で本物の化石を手に入れることができるのは嬉しい。毎年アメリカで買い付けを行っており直接仕入れて販売しているため、定期的にお店を見に行くといろいろな化石に出合えて面白いだろう。

ほかにも美しい鉱物の結晶群や、岩石、隕石などの石や、採掘用の商品、関連専門書など鉱物好きな人に嬉しい商品を数多く取りそろえている。化石や鉱物を見て、触れて楽しもう。

店内には化石だけではなく、ヤンクマンモスやイグアノドンなどのフィギュアも。

1 アンモナイトや三葉虫、哺乳類の骨やウニの棘など小さな化石が並ぶ。じっくり見て観察してみよう。2 スピノサウルスやモササウルス類の本物の恐竜の歯が人気。1点約5000円ほど。ラインナップは定期的に替わるので何度行っても楽しい。3 店内の様子。こじんまりしたお店だが、見ごたえのある充実した展示だ。

DATA

東京サイエンス新宿ショールーム（紀伊國屋書店新宿本店化石・鉱物標本売場）

とうきょうさいえんすしんじゅくしょーるーむ（きのくにやしょてん しんじゅくほんてん かせき・こうぶつひょうほんうりば）

東京都新宿区新宿3-17-7

03-3354-0131（紀伊國屋書店新宿本店代表）

10:30～20:30

休 不定休

JR新宿駅より徒歩3分

https://www.tokyo-science.co.jp/

東京サイエンスのロゴでもあるアンモナイトの化石が並んでおり、いろいろな大きさ、形のものを選べる。きらきら輝く鉱物や岩石も。お気に入りの1つを見つけてみよう。

美術館

全国 山の美術館と博物館

山や里の歴史を辿る博物館や
美術館、文学館など50施設を紹介。

本体 1680円+税

企画展だけじゃもったいない 日本の美術館めぐり

常設展にこそ個性が詰まっている。
もっと気軽に楽しみませんか。

著：浦島茂世
本体1600円+税

建築でめぐる 日本の美術館

建築もアートとして鑑賞できる
名建築ミュージアムを90軒紹介。

著：土肥裕司
本体 1680円+税

街めぐり

全国 むかし町めぐり

城下町や原風景の素朴で素敵な
スポットをめぐる旅。

本体 1680円+税

東京の 城めぐり

今もなお面影を残す東京に眠る
城跡120か所を紹介。

著：辻明人、監修：小和田哲男
本体 1680円+税

東京の山カフェ・海カフェ

自然に囲まれた癒しの空間で、
カフェ時間を過ごしてみませんか。

本体 1680円+税

神社・お寺

全国の神社 福めぐり

ご利益の誉れ高い日本の名神社
170社を絶景写真とともに紹介。

著：渋谷申博
本体 1680円+税

歴史さんぽ 東京の神社・お寺めぐり 新装版

人々の暮らしと信仰の歴史が
息づく東京をめぐる。

著：渋谷申博
本体 1680円+税

京都 花の寺社 巡礼図鑑

「花の美しい88寺社」を見てまわる、
とっておきの京都めぐり。

著：蔭山敬吾、写真：水野克比古
本体 1680円+税

●参考文献

・『角川の集める図鑑GET ！ 恐竜』小林快次・千葉謙太郎 監修（KADOKAWA）
・『恐竜学』真鍋真 著（学研プラス）
・『最新 ビジュアル恐竜事典 こんなに変わった！恐竜の新常識』小林快次 監修（宝島社）
他、数多くの資料を参考にさせて頂きました。

Enjoy your
dinosaur tour!

STAFF

編集	柏もも子、細谷健次朗（G.B.）
編集協力	吉川はるか、澤木雅也
営業	峯尾良久、長谷川みを、出口圭美（G.B.）
執筆協力	幕田圭太、川村彩佳
イラスト	こかちよ（Q.design）
カバーデザイン	深澤祐樹（Q.design）
デザイン	森田千秋（Q.design）
DTP	G.B. Design House
校正	東京出版サービスセンター
撮影	保田有希（P61、62）

全国 恐竜めぐり

初版発行　2023年7月28日
2刷発行　2023年10月28日

編集発行人　坂尾昌昭
発行所　株式会社G.B.
〒102-0072　東京都千代田区飯田橋4-1-5
電話　03-3221-8013（営業・編集）
FAX　03-3221-8814（ご注文）
https://www.gbnet.co.jp

印刷所　音羽印刷株式会社

ISBN 978-4-910428-31-4